柒有此理

一本关于生命灵数的神奇书

柒七／著

Seven
—
with
the
reason

中国商务出版社
CCTP
CHINA COMMERCE AND TRADE PRESS

图书在版编目（CIP）数据

柒有此理 / 柒七著. -- 北京 : 中国商务出版社，2016.11

ISBN 978-7-5103-1698-2

Ⅰ. ①柒… Ⅱ. ①柒… Ⅲ. ①数字—普及读物 Ⅳ.①O1-49

中国版本图书馆CIP数据核字（2016）第277858号

柒有此理

QI YOU CI LI

柒七 著

出　　版：中国商务出版社
地　　址：北京市东城区安定门外大街东后巷28号　　**邮编**：100710
责任部门：国际经济与贸易事业部（010-64269744　gjjm@cctpress.com）
责任编辑：张永生

总 发 行：中国商务出版社发行部（010-64266119　64515150）
网　　址：http://www.cctpress.com
邮　　箱：cctp@cctpress.com

排　　版：书情文化
印　　刷：北京鹏润伟业印刷有限公司
开　　本：710 × 1000毫米　1/16
印　　张：14.25　　**字　　数**：200千字
版　　次：2017年1月第1版　　**印　　次**：2017年1月第1次印刷
书　　号：ISBN 978-7-5103-1698-2
定　　价：39.80元

凡所购本版图书有印装质量问题，请与本社综合业务部联系。（电话：010-64212247）

序

找一个答案

每一个今天都是昨天注定的结果，每一个明天又都是今天做出的选择。细细想来，接触和学习这类颇有神秘色彩的学科已经十多年了，点点滴滴积累起来，竟然成了自己要坚持的事业。

和很多人一样，对神秘学的认知最早源于星座，然后我就一发不可收拾地迷上了占星，开始研究黄道十二宫、相位夹角都代表了什么，每一颗星背后的含义是什么，再到塔罗、五行八卦、风水姓名……有一段时间里，自己就像一个杂家，什么都略知一二却又无法专注于某一个领域。彼时，也尚未想过拿这个当职业。

毕业后，也自然而然的开始了循规蹈矩的人生，在令人羡慕的央媒工作过、在快节奏的企业里奋斗过，我遇到了几乎所有人都会遇到的难题，关于感情、职业、人际等方方面面，太多困惑随着年龄的增长接踵而至：

我是该换个工作挑战自己，还是在目前的岗位继续浑浑噩噩下去？

我是该回家过舒服的日子，还是在这座不太接纳我的城市继续打拼？

爱情何时索然无味变成了一道选择题，是遗憾分手还是一生得过且过？

我究竟适合怎样的生活？我到底是个什么样的人？

……

想不通的时候，我经常情绪失控、脾气很差，时时感到焦虑、迷茫，对别人的一点过错都无法容忍，不知道什么时候开始，眉头总是微微皱着、张口就是对周遭无尽抱怨，冷静过后又对自我价值产生怀疑。开怀大笑竟变成一件奢侈的事情。

机缘巧合，我又接触到了生命灵数，相比较之前的学科，虽然它在西方有着悠久的历史，在国内却是个初来乍到的新人，但这并不影响它的魅力。生命灵数似乎帮我打通了任督二脉，将以往的积累和各类庞杂的知识融会贯通，也让我的心境变得日渐开阔：我开始从心底去理解他人、宽容过错，更重要的是，再一次反观自身、重新认识自己，内省过后，对很多过往不再耿耿于怀。

通过生命灵数和占星学，我开始试着帮助越来越多信任我的人。

我遇到了一对又一对痴男怨女，他们在感情中跌跌撞撞，为一段段无疾而终的爱情后悔不已，为婚姻中的磕碰唏嘘感叹。当感情不得不落下帷幕，我听到每个人都在问自己：如果再给我们一次重新来过的机会，会不会做得更好？会不会没那么多遗憾？

我遇到了很多父母或准爸准妈，他们或是为了子女的成家立业苦恼，或是为了初为父母而惊喜慌张、不知所措，他们明明为孩子操碎了心却得不到理解，他们只是想让孩子变得更优秀却不得其法。

我也遇到了很多来找自己的人，二十多岁站在人生岔路口四顾茫然，三十多岁不安现状想跳槽创业却心怀忐忑，四十岁本踌躇满志却与合作伙伴分道扬镳、事业岌岌可危……

每个人，都希望找到一个答案。

人生就是这样，要做一个又一个选择题，每一种选择都伴随着好坏和对错，所以永远没有一个十全十美的答案，只有最适合你的、你内心最想要的。我不会代替你做任何抉择，而是在帮你看清自己的心。

经常会有这样的场景，即便你我素昧平生，当你告知我你的生日，你在我心中便不再是个陌生人了，仿佛早已相熟多年，你的形象如此鲜活：你喜欢打游戏、你是个小吃货，你会因为男友不懂浪漫而吵架生气，你会为了他不回微信不接电话而抓狂……你也许会瞪大眼睛问："这些你怎么会知道？"其实，我也并非什么都知道，任何一种占卜术都是数学、心理学、哲学、天文地理等多种学科文化的结合，不可能做到百分之百准确，但能在你失去方向时为你拨开迷雾、点起一盏灯。

很多时候，你心中的天平早有倾向，只是你自己没意识到而已。或被纷繁的信息迷惑了眼睛，或被情感绑架左右了判断。人们总是试图去给自己的性格、行事方式、事情发展、成败得失找一个理由、找一个借口，但恰恰忘记聆听内心的声音，忘记了人与人之间最真诚的沟通。

灵数、星座、风水、塔罗牌、五行八卦……东西方文化殊途同归，他们都只是一种工具，让你更了解自己、更了解他人。都说性格决定命运，你要始终相信，你的命运就掌握在你的手中。而我，了解这些工具，我要做的，就是帮你使用它，让它成就更好的你。

所以，你准备好了吗？

柒七

2016.11.18　于北京

contents

目录

工具篇　如何更了解自己

关于数字如何影响一个人的性格爱好、行事风格，最早源自于古希腊数学家毕达哥拉斯，他相信每个数字都有它的能量，而通过了解一个人的生日，就可以分析出一个人的先天潜能、个性成因、为人处事以及命运走向，他相信每个人都有自己的灵数，而从1到9的不同数字都有它特殊意义。

实战篇　如何更好地与人相处

工具篇
如何更了解自己

关于数字如何影响一个人的性格爱好、行事风格，最早源自于古希腊数学家毕达哥拉斯，他相信每个数字都有它的能量，而通过了解一个人的生日，就可以分析出一个人的先天潜能、个性成因、为人处事、以及命运走向，他相信每个人都有自己的灵数，而从 1 到 9 的不同数字都有它特殊意义。接着，他的理论被希腊、美国等许多国家一代又一代的数学家、哲学家、心理学家完善、修正，最终形成了今天这套完善的数字心理学理论。

这并不是迷信，而是一个崭新的窗口、一条新的路径。透过这扇窗，我们从一个全新的视角看待自己和周遭，通过这条路径，可以更透彻的了解自己，可以遇见一个更好的自己。有多少人在苦苦追寻生命的意义，哲学家们会发问“人为什么活着”，然而我们只是芸芸众生中平凡的一个，面对这样庞大虚无的课题实在无从下手，也无法探究人类的终极价值，但起码，我们可以对自己负责，知道“我为什么活着”。

即使是这样的一个问题，也并不是所有人都能很快的参透：我的生活目标是什么？我的性格深处是怎样的？我要做什么、要成为什么样的人？了解你的灵数，就能更好地帮助你完成“自我认知”的过程，从而帮助你更好地了解别人、与人相处。

有人想成为耀眼的明星，可你并不一你适合站在人前；有人想挣大钱、成为首富，可你并不一定能在商场征战。你的灵数，是你需要接纳的自己，是能在你迷茫时帮你认清前路的工具。何必非要放弃自己的天赋，去追求根本不属于你的东西？何苦让自己每天沉浸于不快乐的不得不为之，而不是心甘情愿、乐在其中的生活？

数字从 1 到 9，每个数字都有正反两面的能量，没有一个数字是完美的，也没有一个数字是绝对不好的，从出生的那一刻起，有的宝宝爱哭、有的宝宝就能酣然入睡，因为他的生日已经决定了他们不同的性格。数字不分好坏，全赖于你如何认知和使用它的能量，不管属于你的数字是哪些，你都要勇敢的面对自己、做自己，你就是独一无二的、别人无法复刻超越的你。

你在学习、事业、感情、生活等诸多方面遇到的问题，或许都能在这一章中找到答案，当你学会了［工具篇］的内容，就可以拿来到［实战篇］去试试，也可以从自己和身边人开始着手研究，也许你就会惊呼：天啊，这么神奇吗？

第一章，讲的是每个人的主修灵数，这个数字就像你熟悉的太阳星座一样，代表着你人生的主旋律、你的角色定位、你大概的性格描摹。但是世界上，并不仅仅有9种人，那就需要进一步的画出一个人的灵数图，你会发现，数字和数字之间并不是孤立存在的，而是彼此之间产生影响和制约。所以，知道每个数字背后代表了什么意义，就是打好基础，做好更深入学习的准备。

那么我们开始吧！在接下来的**【工具篇】**中你会陆续看到几种数字的说法，我们将会一一介绍：

灵数：人生的主旋律，你的角色定位

天赋数：个人天赋的开发

能量过大的数字：性格中的另一个你

灵数图及连线：人际交往及能力和更多潜能的体现

先天数：不同人生阶段的养成

第一章　总有一个数字在影响你

灵数，也有人称作生命数字、生命数字密码、数字心理学等等，指的是 1-9 中的那个属于你的主数字，与你的出生日期息息相关。也就是说，从你出生的那一刻起，你的性格、天赋、行为风格等等其实就已经被描绘了出来。

如何理解这个数字呢？比如，有人问你是什么星座的，你也许会脱口而出一个，双鱼座、处女座……其实这些都指的是太阳宫位的星座，就是你的主星座，灵数就是这样，类似于太阳宫的星座。**灵数是你的主要数字，所代表的是一个人的人生主旋律，你出生后的大体性格、角色定位等等。有些人性格会受到后天的很大影响而有改变，而绝大部分人的性格其实只是更加明晰和微小的修正。**

早在 2500 多年前，古希腊数学家、哲学家毕达哥拉斯（Pythagoras，572BC-497BC）认为，数字是宇宙万物的本源，数字本身具有能量，并可以解释一切。他相信，数字不仅仅具备计算、度量等实用功能，可以用来解释精神层面的更多意义。最初，毕达哥拉斯认为 1-9 这九个数字包含了 9 种人类精神领域的基本元素及能量，在每个人出生那天就被写进了生命当中，并对性格和成长产生深远的影响，数字揭露了我们内心的需要，我们生而为何。这 9 个数字最初的基本代表含义是：

1——独立的极限

2——依赖的极限

3——理想主义的极限

4——安全感的极限

5——自由的极限

6——责任感的极限

7——真理的极限

8——成长的极限

9——慈善的极限

那我们的生命灵数应该怎么算呢？**把你的生日数字拆分成单一数字，逐个相加，直到相加到最后的个位。**

公式

ABCD年EF月GH日

A+B+C+D+E+F+G+H=XY——XY为天赋数

X+Y=Z——Z为灵数

举个例子，1991 年 10 月 7 日出生人，计算方式为：1+9+9+1+1+0+7=28；继续拆分 2+8=10；还是双数位，那么继续拆分 1+0=1，所以 1 就是他的灵数。再举个例子，1963 年 5 月 16 日出生的人，计算方式为：1+9+6+3+5+1+6=31，拆分为 3 和 1，3+1=4，那么 4 就是他的灵数。

第一节　数字1：自信独立领导力

1	对应星球	太阳
	代表符号	点、放射形
	对应属性	阳木
	代表星座	白羊座、摩羯座
	幸运色彩	红色
	守护神	战神阿瑞斯

1 数写出来就是这样一个正直独立的样子，坚强、刚直，它像一个孤傲的人遗世独立。1 是一切的开始、万物开端，比如在《圣经》当中上帝创造出的第一个人类就是亚当，是一个男性，所以这个数字拥有强大的原始动力、充满阳刚之力。他的代表符号是原点，也可以是太阳一样的放射形状，一切因此而生并有着向外扩张、欣欣向荣的力量。

不论是东方还是西方，人们都怀着敬畏之心去探究人与自然、人与世界的关系，所以生命灵数与东方学科有很多共同之处，包括中国具有悠久历史的五行。“天干五行，甲乙同属木，甲为阳木，乙为阴木；地支五行中，寅卯属木，寅为阳木，卯为阴木”，所以 1 就代表了甲，也是开端、起始。东汉末年儒家学者、经学大师郑玄写道：“阳木生山南者，阴木生山北者。冬斩阳，夏斩阴。”阳木，指的就是山南之木，常年接受阳光照耀而长成栋梁之材，质地坚实，你可以想象出一副画面，一颗笔直挺拔的参天大树，不断向上生长追逐太阳，向下不断扎根、坚实无畏、抗击风雨。所以 1 数人大多正直勇敢、道德感和正义感十足，也有不屈不挠、自主性强的优点，但也会过刚易折、过于以自我为中心、孤傲自负。

“不想当将军的士兵不是好士兵”，这句话拿来形容1数人再贴切不过，而说这句话的拿破仑，恰恰就是1数人，拿破仑·波拿巴出生于1769年8月15日，灵数为1，或许他自己都没想过这句话能对后世产生如此深远的影响。历史上有很多这样的人，依靠着出色的战斗头脑、一往无前的勇气、令人信服的个人魅力，只要在人群中振臂一呼，就会有成千上万的人愿意跟他们去任何地方，拿破仑就是这样的人，也是典型的1数人：他们具备天生领导力和领袖气质，天生骁勇、有一往无前的勇气，不甘于过一场寂寂无名的人生，总要做出一番大事业来。

拿破仑是人类现代军衔制度建立以来最年轻的将军，24岁的他就因为勇猛善战领导军队，他的一生获得了40次战役的胜利，比亚历山大大帝、凯撒大帝、查理曼大帝加起来还要多，而且拿破仑的1数特质还充分体现在他不愿意墨守陈规、喜欢寻求突破上，拿破仑征服欧洲依靠两样东西——他的军队和他的法典，两个决定性的新型社会制度让他能成为改变历史的人物，现代的义务兵役制就是他发明的。而且他还特别会激励自己的追随者，那时候的欧洲只有贵族才能够担任官职，拿破仑却不拘一格提拔了很多平民出生的人才，改变了很多人的命运。

所以，拿破仑身上就淋漓尽致的体现出一个1数人的特点，但是成功易、守功难，说的也是1数人。在取得成功的路上，1数人的开拓精神、勇气信念、精力和胆识都会成为驱动力，特别擅长从无到有的开辟，只要找对了方向、坚持所想，他们也很容易取得成功。但是到了自己想到的地方、实现了目标之后呢？是所有1数人会陷入的思考。在演艺圈中，巩俐、章子怡都是典型的1数人，磨练自己的演技、精挑细选剧本、不炒作不堕落，成功后的她们更知道自己要什么，也能在纷扰的娱乐圈走得更远更闪耀。

1 数宝宝脑子里在想什么

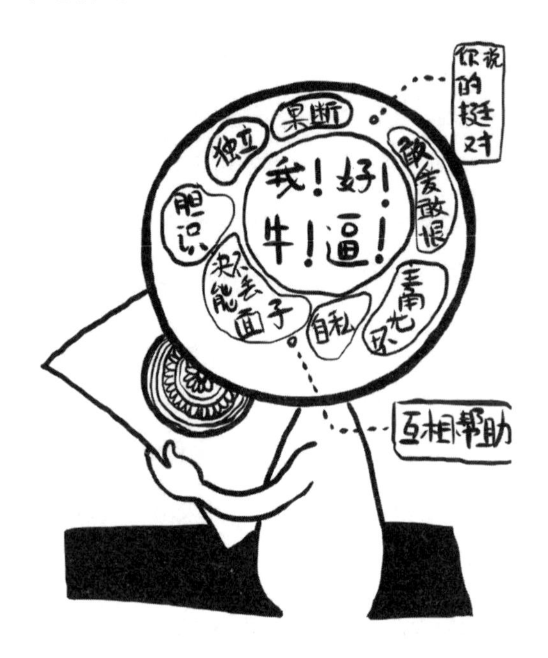

独立、果断、胆识、敢爱敢恨、决不能丢面子、自私、主角光环、自恋、正直、超级自信、领导力、独来独往、自以为是……（几乎没有）“你说的挺对的”、互相帮助。

你的能量

独立、自信，是 1 数人最突出的特点，也是你们的能量源泉。“求人不如求己”是你的人生信条，能自己动手完成的绝不让别人插手，自己完不成的也要想方设法完成，这要让别人来做也会不放心，掌控欲很强。1 数人个性十分要强，绝不会轻易认输或低头，面对自己认准的目标就会勇往无前、就会去一直朝着目标努力，不达目的誓不罢休。

在你的字典里，满满的都是“我可以”“我能够”，这会让你每一天都有十足的冲劲儿，而这时候，你需要的恰恰不再是冲动，而是冷静，需要对自己的能力有正确的判断和认知，对于做的事情有充分的思考和解读。你的能力让别人佩服，但是想获得别人发自内心的尊重就需要以德服人。

你喜欢独一无二的感觉，最不喜欢自己跟别人一样，从小到大，不管家长多么希望你有一个安安稳稳的人生，你也知道平淡的生活绝不是你想要的，你的心里有对成功的渴望，享受舞台和中心感，希望自己是耀眼的那个。你也有挑战旧规矩、在困境中另寻突破的能力，你的性格风风火火、大大咧咧，也不喜欢纠缠于细节和琐事，你坚信成大事者不拘小节，的确，这些都是你的优势，但别留下“成也萧何、败也萧何”的遗憾，你的人生容易大起大落，在不断的跌跌撞撞、反复磨砺中成长，只有经历过一败涂地才能激发你更大的斗志、才会让你重新思考人生，让自己的性格变得圆润、均衡，所以 1 数人也多半大器晚成。

你的正义感和道德感都很强烈，喜欢锄强扶弱、帮助弱者，黑白分明，敢于挑战权威和不公、心里的是非善恶观非常明确。但是切忌冲动，有时候你看到的也不一定是真实的，所以不要鲁莽冲动。你的个人魅力很强大，会让很多人不自觉的向你靠拢，所以你有潜力成为一个领导者，但是单打独斗惯了的你如果太以自我为中心的话，也会让真心靠向你的人伤心、离开，你依旧感到孤单。

你的课题

当数字 1 对你的影响过大时候，它的负面因素就会显现，所有组词时候“自”开头的都可以挨上边儿了，比如自恋、自大、自负、自我为中心、自以为是……通常情况下，你跟别人的交谈中会经常使用“我认为”“我觉得”，也许你还没有意识到，有的时候是大家一起商量事情，你却会无形之中把自己的想法强加给别人，让周围人觉得不舒服，因为在你心里一直在强化自己的标新立异、与众不同，一直坚信自己是对的，但是你不可能事事都正确对吗？潜意识中你也会希望别人认同你、崇拜你，对于你的想法赞赏和顺从，这样就很容易让别人觉得你自以为是、目中无人。阅历的丰富和不断受挫，可能会让你认清现实的残酷，才会慢慢学会谦卑和低头，也有可能会让你越来越自傲自负，如果你早一些学习倾听和谦逊，会少走很多弯路。

而且过于要面子也是你的弱点，自尊心太强，人越多的时候越要寻求注目而不是反对，如果有人让你不悦你会立刻强势反击，展开不容置疑的说教，有时候沟通并不是非要争出个谁对谁错、谁输谁赢，好好的聊天被你变成了个人秀或者辩论赛，这样大家怎么还能给你提出真心的建议呢？你甚至也会经常脾气失控，暴躁的脾气能让你伸张正义、也能让你毫无理由的伤害别人。

1数人觉得自己并不怕孤独，哪怕像鲁滨逊一样漂流到一个孤岛上也绝不会认输，但其实往往是你自己把自己关在了一个孤岛中。你的魅力让你有追随者，但你却没有站在身边的伙伴，你只会听比你段位高出很多、你能认可的人的话，可这样的人又有多少呢？

所以，1数人一生的课题，就是要学习倾听、谦虚、分享，敞开心胸，以谦卑的态度，真心实意地接纳不同的声音，弱化“过分自我”的那个部分，用柔和的方式解决问题。你的独立是优点，但并不排斥尝试寻找伙伴和帮助，两者并不矛盾，你的掌控欲也不要太强，尝试把专业的事情交给专业的人去做，用人不疑、疑人不用，这样慢慢让自己松弛下来，说不定会在你孤立无援的时候让你感受到力量。

第二节　数字2：敏感多情的感性主义

2	对应星球	月亮
	代表符号	线条、太极
	对应属性	阴木
	代表星座	金牛座、水瓶座
	幸运色彩	橙色
	守护神	天后赫拉

2是一个非常神奇的数字，不论是自然界中还是我们人身上，就有好多东西是成对出现的：左脑和右脑、左眼和右眼、左手和右手……给你一面镜子，你看到了完全相同的两个世界，阳光投下影子，你看了另一个自己的轮廓，这样的例子有很多，说明2是一个平衡性很强的数字，代表着一种协调、和谐、对称的美。2数的代表图形也可以是太极，也是2数的另一重意义：对立却互相依存。一黑一白、一阴一阳，也象征着这个世界的对立与互相依存关系，正负、南北、男和女、真与假、好与坏，看，造物者已经为我们做出了很好的选择，他们虽然都是截然相反的存在，但是又互相支撑、互为依靠，所以2数人本身也是多多少少具备了矛盾和双重性格。

两个点就能成一条线，线条的出现离不开点，而线本身可以是直线、曲线，所以2数拥有柔软的力量，可以随外界的改变而改变，但依赖性也很强，总是无法独立存在。传说中，当上帝创造了亚当后，又从他的身上取了一根肋骨，创造了女性，所以2数生来就代表着温柔的力量，为了与1达到一种平衡。

在中国的文化中，2数代表了阴木，典籍中记载，阴木，是山北之木，有一种说法是，阴木就是那些生长在低处的小花小草、低矮灌木，他们喜欢温暖、阴湿的环境，也有一种说法是指被埋藏了很长时间的杂树，质地腐朽、松软，用手一扳就能将上面的木屑扳下来。不管怎么说，都能感到，这是一种象征意义，他们没有大树那般强大旺盛的生命力，不能独自承受狂风暴雨、烈日灼灼，却可以美丽的活着、也可以装点树林，招来更多的动物生灵。就像 2 数人那样，爱美、脆弱、对周围的变化很敏锐，总是想寻找一颗可以依附的大树，一旦缺少了庇护和可以依靠的另一半，就会唉声叹气、怨天尤人，也会为了生存和爱人而委屈求全，只是 2 数人不知道，他们也拥有自己的能量。

2 数人总是给你很温暖的感觉，锋芒总不会过于刺眼，比如演艺圈中的陈冲、赵薇，2 数人的美常常是糅合了两种极相反的特质，坚强和柔和、棱角和温润、刚强和脆弱。由内而外散发出的气场总是柔而坚韧，懂得等待、珍惜家庭，像明媚的阳光带来的舒适感受。再比如，张柏芝，她的生日依次相加，1+9+8+0+5+2+4=29，2+9=11，1+1=2，她的灵数是 2，她在感情中也体现出非常明显的 2 数人特点：一旦爱上了一个人，就会爱到失去自我，情感上完全依赖对方，对方变成了自己的精神支柱，为爱痴狂、为爱放弃所有。张柏芝和谢霆锋的感情经历一直在媒体和公众的关注之下，分分合合很多次，当初她对谢霆锋的爱也是有目共睹的，在自己演艺事业巅峰的时候选择婚姻、选择息影，每次分手都伴随着巨大的打击和情绪低谷，也会因为失去感情而在公众面前失控，细心的影迷发现，每次张柏芝被曝出耍大牌、发脾气、不敬业、事业告急等负面新闻时，都是在她感情亮红灯的时候。但每次，当大家以为她被打倒的时候，她又重整旗鼓出现在公众面前，2 数人虽然脆弱，但内里非常坚韧，尤其是为了孩子会变得格外坚强。

2 数宝宝脑子里在想什么

依赖心重、配合度高、敏锐直觉、与人为善、以柔克刚、以守代攻、情绪化、超强审美、磨磨唧唧、优柔寡断、耐心等待、委曲求全、细节控、观察力、自欺欺人……（几乎没有）“这事我说的算！”、简单直接。

你的能量

2 数人喜欢安静，做事低调不张扬，待人接物也没有攻击性、对谁都非常友善，而且会非常照顾别人的情绪，跟 2 数人接触会让周围的人感到像春天般舒适，会无时无刻感受到他们的周全和温柔，这种特点也会为你们带来好人缘。

你的直觉力和观察力非常强，心思细密，往往能够发现别人注意不到的事情，尤其对于别人言行举重背后透露出的含义有敏锐的洞察力，这种特点会让你即使不了解一个人，也能迅速地做出基本正确的判断，对方是笑里藏刀还是外冷内热，你都能一眼看穿，这是你的长处、可以让你在生活中避免伤害。

你有着非常出色的协调和配合能力，你并不喜欢出头，而且非常擅于倾听，所以在一个团队中如果有一个可以信赖依靠的领导，你特别适合在旁边做辅助工作，承上启下、出谋划策，也很适合处理人事关系、知人善用，你的细心又会让你做事非常靠谱、很少出现纰漏，这些都是你的优点和长处。你很容易取得别人的信赖，你的耐心和低调本就是你自身带的，所以不需要伪装，你也不会喧宾夺主，只要掌握好尺度、不卑不亢，你能在任何地方站稳脚跟。

你的审美能力也非常好，相比 3 数人的古灵精怪，你的审美更佳柔和稳定，3 数人对美的追求来自于天性和创造力，而你的这种能力来自于你对周围的细心观察和敏锐的洞察。你的情感非常充沛丰富，甚至有些多愁善感，这两种特质如果善加利用，会让你在文学、演艺领域有所成就。

你的课题

你的依赖心很重，独立性差，最怕的就是让你自己做决定，尤其是做了这个决定还要承担后果，所以你不喜欢独当一面，哪怕让你作为负责人，实则你也会暗暗的找一个出主意的军师作依赖，说到底还是你的心里缺乏自信。2 数人一生的课题就是学会如何独立，不要过度的依赖别人，也不要为自己的失败到处找借口，你要明白，任何一个决定都会带来正反两面的结果，福兮祸所倚、祸兮福所致，所以你需要尝试着果断的做决定，不要拖泥带水、犹豫不决，克服一下你的纠结和选择恐惧症吧。还有心底深处的自卑和自我怀疑，总认为自己不够好、自己做的决定不对，总是潜藏着过多的悲观，你需要的是自信和勇气，你必须学会用积极主动的态度去解决自己的问题。

你的敏感也会为你带来很多悲伤，不论在感情中还是人际交往，你可能会过于在意别人说什么、过于照顾周围的情绪，甚至委曲求全、完全没有自己的立场，婚姻和家庭是你愿意为之守护和依赖的港湾，但是也会为了婚姻完全丧失自我，再加上多愁善感、情绪化严重，一旦对方让你失望或者不想让你如此粘着，你就会非常崩溃。

在与朋友和同事的相处中，你也容易经常扮演老好人、和事佬的角色，时间久了反而让别人觉得你伪善、没有个性、不真实，这又反过来更让你难过。所以有时候不要过于敏感、玻璃心，外面有一点点风吹草动就能引起你自己内心的轩然大波，还不会表达出来，表面维持着笑容实则是过分压抑自己，会让你的情绪化很严重，长期的压抑一旦爆发出来，就变成了抱怨无休、迷失自我，勇敢的表达自己的想法、有坚持的立场和原则，是为了让你不要迷失自我。

第三节　数字3：才华横溢童心未泯

3	对应星球	金星
	代表符号	三角形
	对应属性	阳火
	代表星座	双子座、双鱼座
	幸运色彩	黄色
	守护神	爱神阿佛洛狄忒

当你拥有了点、有了线之后，就可以创造出图形了，进而能有更多变幻无穷的图案产生，所以 3 代表的创造的开始，也是美学的开端，3 数人的创造力和想象力也是天生的潜力。在宗教当中，3 也代表着灵性的存在，比如基督教的圣父、圣子、圣灵三位一体，所以 3 数人生来聪明、灵气十足。

“天干五行中，丙丁同属火，丙为阳火，丁为阴火，地支五行中，己午属火，午为阳火，巳为阴火”，3 数为丙，属阳火。李时珍曾这样描述阳火：“火者五行之一，有气而无质，造化两间，生杀万物，显仁藏用，神妙无穷，火之用其至矣哉。愚尝绎而思之，五行皆一，唯火有二。二者，阴火、阳火也。”在研究这门学科时候，我总是感慨万物之间的奇妙联系，东西方文化之间的融会贯通，3数正如李时珍这般描述，像一团熊熊火焰，为周围带来光明和温暖，但是也极其的任性，破坏与希望往往在一念之间，所以使用阳火需要克制和方法，只要找对了方法，它往往可以蕴含改变世界的力量。

3数人的美，往往一眼就能分辨出：极爱美、简单、小公举、任性，优雅的外表下总有一方少女心，男生的话就总是幻想自己是王子、是骑士，3数人的笑容非常迷人，不管什么时候总是带着一股让人又爱又恨的孩子气，比如杨颖Angelababy、黄晓明，再比如许晴。

公开资料显示许晴的生日是1969年1月22日，天赋数30，灵数3，所以是非常典型的3数人。尽管备受争议依旧我行我素，爱的人非常爱、不喜欢她的人也很不喜欢，其实对于3数人也是如此，交友行事全凭喜好。当许晴这般笑带梨涡、可爱又性感的女人出现时，连同为女人的我们都会倒吸冷气，一双眼睛永远风情万种，更别提男人能不能招架得住了。3数人其实示范了一种生活态度，年近半百又如何，岁月在人们的脸上刻下皱纹和风霜，在人们的心头留下世故和麻木，而《花儿与少年》《老炮儿》中的许晴，却好似从定格的时光中穿越而来，性感更甚。她屏蔽了一切外界的非议，专心在自己的小世界中，来去自如，初心不改。而留给看客们的，则是一个个活色生香的故事，和可能永远不会揭晓的谜底。

这就是3数人，任性又怎样？只求永远随性做自己、永远生活在美好中。正因如此，灵数3中多出艺术家，艺术家的性格总有一些不入世和古怪。当然，3数人的直来直去、甚至口不择言，会经常为他们招来口舌是非，对于大多数人来说任性妄为、拒绝责任和长大并不会带来生活上的顺遂。

3 数宝宝脑子里在想什么

长不大的孩子、纯真、脑洞无限、创意、鬼马精灵、艺术天赋、好奇心、超强的表达欲、爱好艺术、颜值即正义、自我怀疑、任性、机智、口才绝佳、谎言……（几乎没有）吃苦耐劳、成熟稳重。

你的能量

很多 3 数人并没有发现自己有什么潜在的能力，这种能力可能会展现在不同方面，但是又有相通之处。3 数人头脑灵活、鬼马精灵，在一个团队中你可以是做创意、策划担当，天马行空的想法和点子会给大家带来新鲜感，你也可以在艺术、体育、表演等方面特别有天赋，设计、画画、音乐、戏剧、摄影……总有一款你喜欢的，这些都可以是你专注从事的工作，也可以作为你的业余爱好，你会乐在其中并且真的比别人做得好。你的精力十分旺盛，自己喜欢的事儿可以不眠不休，比如画画，别人在临摹，你已经开始了创作，这种天分是羡慕不来的。如果都没有，你也是有着一颗天生爱美的心和灵敏的时尚嗅觉，十分擅长鉴赏，也是个十足的颜控，当然，你对美的追求也会陷入华而不实、认知太片面等问题。

你喜欢交朋友，也是怀着好奇心，喜欢接触各种各样的人、接触不同的新东西，无论周围的环境如何，你都能保持一颗纯真直率的心，当然这也会让你经常得罪人而不自知，或者遇人不淑。你的口才出众、愿意表达，这种表达除了找到一种画画、写作、音乐等这样的途径，你也会说出来，愿意跟别人分享，朋友聚会有你在基本不会冷场，而且你也是个超级爱吃的“吃货”，有时候真觉得一张嘴又要吃又要说不够用啊。

你非常机智，应变能力也很强，这也是你的强项，但是要注意别给人留下不真诚的印象，也不要夸张或者撒谎，就算你认为一件事情天衣无缝，其实在别人眼里不过是自圆其说罢了，千万不要聪明反被聪明误。

你的课题

你的兴趣爱好很多、也很容易被有趣的事情吸引，很愿意去学习，并且恨不得一下子就学会，但是注意力也会过于分散、想法太多，所以不论做事还是学东西，很容易流于表面、浮皮潦草，遇到困难和瓶颈就自动转移到其他事情上面，很多事情难以精通，只了解一点点就开始跟别人炫耀卖弄，其实差的还很多。以你的天资，只要认准自己喜欢的并且想为之奋斗一生的事情，学会坚持！你就可以做的非常好，而且很容易就取得别人没有的成就，不切实际的幻想多了也不能变成现实，成功要一点一滴的积累和接近，不能一蹴而就。

你也要知道，祸从口出，表达能力强是你的长处，但是你需要学会的是分辨、内敛和聆听，该表现自我的时候当仁不让，但是也不要让喋喋不休、八卦和语出伤人成为你的弱点。其实你乐观外向的表面下，也有一颗不自信的心，总是一边和别人打包票，一边暗暗的自我怀疑“我可以吗”、“我会不会很糟糕”，所以你才会非常害怕听见批评、很容易受挫折，你需要通过别人的鼓励和支持来获得信心，其实自信也可以来自能力和技术的提升，这些都是你可控的。

任性是你另一个需要打败的敌人，因为任性可以让你的生活精彩多姿，也会给你带来更多的麻烦，你孩子般的情绪和任意妄为，甚至伤害到周围爱你的人，因为你会不自觉的逃避责任、趋利避害，不愿意承担更多，因为承担就意味着辛苦和麻烦，而且一旦遇到挫折或者没能如自己所愿、听见了不爱听的，就容易偏激、逃避、不闻不问，这样会让你的家人、朋友、恋人伤心，你也永远不会成长。

学习成长、成熟，学会专注和坚持，学着承担责任和聆听善意，都是你要一生面对的课题。

第四节　数字4：务实才有安全感

4	对应星球	地球
	代表符号	正方形、十字架
	对应属性	阴火
	代表星座	巨蟹座
	幸运色彩	绿色
	守护神	谷神德墨忒尔

数字 4 的代表符号是正方形，仿佛稳固而坚实的四面墙，构筑起一个安全的空间，就像 4 数人一直在追求家庭的稳定和谐和内心的安全感一样，同时也可以是十字架，象征着言行举止保守克制、态度诚实可靠，给人安心稳重的感觉。

4 数人一直在追求内心的安全感，他们的保守固执、一成不变、不喜欢冒险、在乎物质等种种表现，其实都是源于他们在追求一种安全感，遇到事情他们会第一时间去判断怎么做才能够最稳妥安全，最讨厌出现不可控的情况，希望一切尽在掌握，所以也显示出他们的组织规划能力超出旁人。

4数人属于阴火，所呈现出来的所有特质都是内敛型的，阴火的描述有很多，磷火、烛火、萤火、灯火……但不管是什么，都是一点点光亮，不会灼热的把你烫伤、光芒幽幽暗暗，似乎起不到什么作用，但是如果你在绝望之时有一点萤火之光、或者十分寒冷时有人为你点一支蜡烛，你会从心底有一股安全感。所以4数人大多谨慎小心、缓慢持久、温和坚忍。3数人任性、4数人固执，4数人的v力量通常不会显现，但如果生气了逼急了，也会得理不让人，内里阴狠、走极端。

出生于1955年10月28日的比尔·盖茨，天赋数31，灵数为4，4数的天赋在他的身上体现的非常极致，4数非常在意做事情的规划性和步骤，有限的精力绝对不会分散到做不切实际的事情当中，而且善于分析、组织力超群。他13岁开始编程并且按照自己的想法和节奏去一步步付出行动，严谨求是的态度、强大的组织力和持久力，让他做自己的事业时候非常的专注。我们也知道，盖茨是非常节俭的，并不喜欢过分奢华、铺张浪费的生活，这与4数人的财富观非常契合，4数人务实，一切从实用角度出发，不会铺张浪费，也十分俱有理财天赋和管理能力，所以开辟了事业之后，4数人非常擅于守业、也知道如何让自己的理念或成绩长久的存在下去。53岁的盖茨毅然选择退休，他将自己的部分资产设立了比尔及梅琳达盖茨基金会，用一种更现代的、更可持续性的模式投身于公益慈善事业当中，这也让他的成功以另一种方式传递下去。

4 数宝宝脑子里在想什么

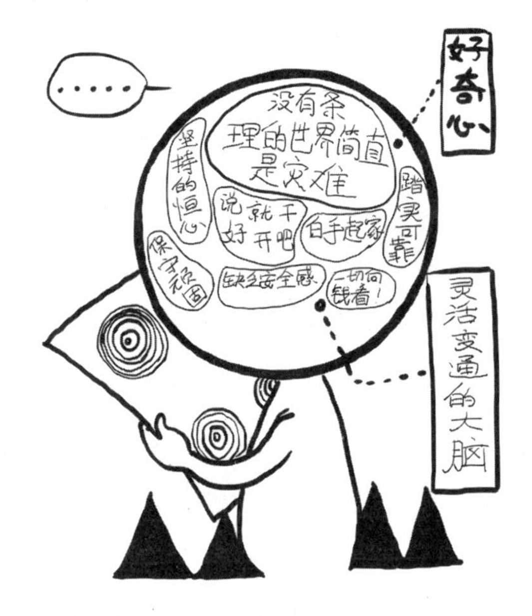

条理性强、组织力、踏实可靠、白手起家、坚持、恒心、稳重、淳朴务实、注重效率、计划性强、保守顽固、缺乏安全感、一切向钱看、精打细算、拒绝改变……（几乎没有）好奇心、灵活变通的大脑

你的能量

你具有非常严谨的求是精神、组织力和秩序感，这会让你成为一个非常出色的管理型人才，或者在金融、法律、计算机、建筑设计等需要这种态度的方面展现天赋。你的组织能力和条理性，就像一座坚实稳固、构造准确的地基、桥梁或骨骼一般的存在，在一个团队中你就像那个定心丸，不论在哪里，你都会给人踏实稳重的安全感，这是你追求的，也是你会带给别人的。你非常害怕出现混乱和突发状况，所以你喜欢用规矩、计划、秩序来进行约束，“无规矩不成方圆”是你信奉的行事准则，与 3 数人的天马行空、随性自在是截然相反的，犹如两个世界的人一样，4 数人喜欢有条有

理、按部就班，从小到大、积少成多这种常识性的步骤千万不能乱，如果打乱了你的节奏你会非常不舒服。

你不太喜欢瞎折腾，吃饭的时候AA制什么的交给你算很靠谱；你也不喜欢自己说走就走的旅行，还是大家在一起做好计划比较稳妥；吃穿之类舒服够用就好，买东西你更在意性价比和实用性，有些物品不能吃不能用只能摆着看，你就不太懂它的购买意义；你的物质需求都在更大的投入上，比如房子、车、存款，家庭的稳定和谐是你非常在意的……所以在很多人眼里，你比较无聊，有点“老干部”，这本来就是你，你也不愿意为了迎合别人而改变。你会是非常值得信赖和依靠的伙伴，虽然你显得没有那么圆滑可爱，也不太懂得浪漫承诺，那是因为你不会为了逞强或面子而作出不切实际的表态，实在、朴实、厚道，是周围人对你的评价。

你做事情恒心和毅力也是令人钦佩的，你不怕慢，因为慢工出细活，操之过急必定会留下隐患，你喜欢一点点接近自己的目标，多说无益不如实际的做点什么，你非常不喜欢那些光说不练、忽悠人的人，你喜欢跟你一样行动力强、讲究效率和实际的人。遇到困难你也会坚持和忍耐，不会轻言放弃，这是你身上难能可贵的闪光点。

你的课题

4数人的安全感意识非常强烈，无论做什么事情都要有足够的安全感，他们的所有特质都是基于保障内心和周围的一种稳定，所以当这种特质走到另一个极端就会变成固执、保守，因为害怕变化带来的未知，所以往往会过于墨守陈规、不敢突破、不讲究变通，永远都在一个安全岛哪，即便已经知道是个死胡同也不会尝试新的方向和方法，宁愿一直在老路上。你们十分厌倦改变，不论是搬家、分手、换工作，还是换一家餐厅尝试新鲜的菜式，对于4数人来说都是一种冒险，没有十足的把握和充分的理由是不会去尝试的。

4数人改变的理由有两个必要因素，一是证据确凿、客观理由充分，二是自己花了足够的时间了解和亲身验证，没有问题。否则，就会一直观望，并且全力捍卫自己坚信的事情和道理，谁说都不听。这种不安全感和特点，也会令你非常的固执倔强，拒绝接受相反的意见，只会选择性的接受与自己相同的意见，而且对于曾经伤害过自己的人会耿耿于怀、显得心胸狭隘了。久而久之，你可能就会错失很多大好的机会，其实尝试新鲜事物、敢于挑战自己不是什么坏事，你处处小心谨慎、善于筹谋算计，这样的人生虽不会大起大落，当然也不会有太大的成就，那时候你不要心有不甘，因为成就大小与性格息息相关。

4 数人的一生仿佛都在致力于构建自己的家园，一砖一瓦自己亲手垒起来，成家立业、该什么时候做什么事儿。如果没有家庭这个大后方的保障，你会觉得非常不安，而且你还特别需要存款，物质和金钱必然是安全感的来源之一。你没有太大的野心、不太在乎虚名，只在乎自己的一亩三分地收成怎么样，所以在你缺钱的时候会显得过于吝啬和算计，你有理财天赋，对自己的收入和花费非常有数，月光和消耗信用卡这种事情不会在你身上发生，其实即便你心里明白，钱不是攒出来的，而是赚出来的，你也不会放弃自己的习惯、不会花钱大手大脚。

所以，对于 4 数人来说，一生要研究的课题就是对抗自己内心的不安全感，尝试改变突破、尝试放开心胸。

第五节　数字5：不受约束的冒险家

5	对应星球	水星
	代表符号	五角星
	对应属性	阳土
	代表星座	狮子座
	幸运色彩	青色
	守护神	旅神赫耳墨斯

5 数的象征符号是星星，想想看，儿时的我们在纸上涂涂画画、随手就一笔画出了一颗星星，同样是一笔完成，但是这颗小星星与圆圈、三角、四方相比起来，显得那么与众不同、那么令人欣喜愉快，就像 5 数人一样，在于人相处的过程中总是能令别人感到舒适愉快。星星的造型也被用来表达自由、快乐、梦想。五角星的图案也特别具有人性化，如果把一个人大字展开就像一个五角星，所以数字 5 最富人性化、也最富变化，这个数字追求自由、反对限制，这人性当中的原动力。1–9 这九个数字当中 5 也处在正中，所以他也是一个复杂的、综合性很强的数字。

“天干戊土为阳，己土为阴。地支辰、戌是阳土；未、丑是阴土。”阳土来自高山大地，是可以孕育万物的土壤，也可以用来建造城墙、构筑房屋，为人们遮风挡雨，所以 5 数人如阳土一般，有包容心、沉着正直、讲信用，但是一般做事都喜欢亲力亲为，不喜欢交给别人或开口求人，阳土的可塑性非常强，也预示着 5 数人才华横溢、适应性和能力很强。

2016 年王菲出了新专辑《尘埃》，她懒得去拍封面，就随意拿了自己在家里沙发上的自拍当封面，大家说，这很王菲。生于 1969 年 8 月 8 日的王菲，生命灵数为 5，1994 年的时候，她打响了“王菲”的名号，20 多年后的今天，她依然可以一举一动都是焦点，就算不动，也会有人为她痴狂，比如微博上就有一个博主叫做“王菲今天发微博了吗？”然后发现，我行我素的王菲依然没有发微博。除去光环，果敢、直接、洒脱，从她出道伊始便如影随形，那句告诉童童的话，其实说的也是她自己：“你可以不乖，但不可以学坏。”

她的好友是另一种 5 数人的写照——刘嘉玲，她的生日是 1965 年 12 月 8 日，也是 5 数人，与王菲的我行我素相比，刘嘉玲显得更为入世、更会经营自己和想要的生活，也更愿意与人打交道，但其实她的这种接近背后也是一种随性和远离，她深知自己的生活自己掌握，在逆境时候会勇敢的站起来，在受到非议的时候并不在乎外界的眼光。

5 数人就是如此，洒脱、随心、勇敢，可以很张扬，也可以很低调，来去自如全凭自己喜好，总结起来就是一句话：我过我的生活，你无须了解。

5 数宝宝脑子里在想什么

自由自在、冒险家、沟通力、社交达人、包容多元、多才多艺、坚持自我、内里倔强、勇敢、随遇而安、重度拖延症、懒散、不受约束、善变、大包大揽、爱面子、逃避……（几乎没有）责任感、顾全大局、在意评价

你的能量

5 数人是天生的传播者，你们沟通能力很强，能准确地把握对方所想、达到自己的目的，你们也善于发表演讲，会更具有影响力、很会调动气氛。这种沟通不同于 3 数人，3 数人更倾向于情绪和自己的表达，是感性的、直接的、输出型的，而 5 数人是偏向交流的、循环的、更具备说服力的。所以你们会在商务、传媒、营销等很多方面有不错的发展。

5 数人综合能力很强，也懂得隐藏锋芒，也并不容易让别人一眼看穿所有的特质。了解希腊神话的人知道，每一个神话人物都有鲜明的个性和故事，也有各自掌管的司职，比如阿佛洛狄忒（也就是维纳斯）主要掌管爱和美，阿波罗掌管光明和音律，德墨忒尔掌管农业，这些个性、天赋又会和他们所代表的数字遥相呼应。而数字 5 的守护神是赫尔墨斯，这位神仙可是没有办法准确定义的，他掌管的范围包括：商业往来、沟通、媒介、文学书信、运动，而这些又都在旅行当中完成，所以他也被封为“旅神”，他十分热爱自由自在的生活，并不想被束缚住。除此之外，他还懂一点外科手术治疗、睡眠梦境，连小偷都是他的管辖范围。所以你看，5 数人就是这样能力均衡、操心的事多，多才多艺、爱自由随性的生活，不喜欢规规矩矩平淡无奇的人生。

5 数人喜欢突破和变化，也具备这样的勇气和能量，你们不安于陈规旧制和日复一日的重复，这种状态也很容易让 5 数人中出现改变历史的伟大人物，比如林肯、毛泽东、希特勒。同时 5 数人也非常的固执，这种固执不同于 4 数人的保守、8 数人的坚忍，而更偏向于坚持自我。其实 5 数人表面上非常随和，内里很难被别人的观念和想法干扰，认准的道理和事情几乎不会动摇，只是不与别人争执罢了，是非常有立场有主见的人。

你的课题

5 数人身上有个特别有趣的现象，就是既有行动力又十分懒散，碰上自己喜欢的事就会特别上心、说做就做，但是大部分时间或者在具体做事的时候，又有严重的惰性和拖延症，如果没有规定的截止时间而是全凭自觉的话，那么 5 数的懒洋洋就会显示出来了，就像在草原上安逸晒太阳的狮子，不饿极了才懒得奔跑。这种懒，也体现为懒的计较、懒的算计、懒的争论，所以 5 数人既是包容力强，也是一种淡漠。缺乏规划感，是 5 数人要面对的最大课题，你需要适度的让自己头脑中更有规划和步骤，规矩并不是让你举步维艰，而是让你做的事情更有效率，没有规矩不成方圆，如果你想实现更大的野心和事业成功的话，建议你不要过得太随性。

5 数人充满冒险精神，对于想做的事情、热爱的事情有着难能可贵的勇气和说做就做的执行力，但是却又因为不想承担过多责任而在一些事情上缺乏勇气，这矛盾吗？其实不矛盾，5 数人的内心对自由有着无比的渴望，你们不喜欢背负太多的负累前行，最大的恐惧就是压力，所以本能的就会逃避压力，如果这件事情你们预感到有压力就会试图找寻其他的方法。这种行事风格在别人看来可能过于善变，喜好和思维跳跃，缺乏持久力，三天打鱼两天晒网，其实追其深层次的原因就是你在前行的过程中，总是怀着对长远打算、对担负责任的恐惧。这是你需要克服的。

第六节　数字6：宁可天下人负我

6	对应星球	木星
	代表符号	六芒星
	对应属性	阴土
	代表星座	处女座
	幸运色彩	蓝色
	守护神	光明之神阿波罗

对于阴土的描述，中国古籍中也有记载，在《吕氏春秋·任地》中描述：“上田弃亩，下田弃甽。五耕五耨，必审以尽。其深殖之度，阴土必得，大草不生，又无螟蜮。”讲的是如何种庄稼：“高旱田要把庄稼种在凹下之处，下湿田要把庄稼种在高处，播种前要耕五次地、锄五次地，种植深浅的标准，用润泽的土为宜，不许滋生杂草，不许有螟蜮一类的害虫出现。”所以阴土，指得是“滋润的土壤”，适合种植粮食的土壤，也可以看做自家后花园里的土壤，松软、温润、生机勃勃，并不像阳土那样坚硬、适合守护，反而适合热闹繁盛的栽种。

就像 6 数人那样，喜欢守着自己的小家小业、安稳度日，心软、善良，愿意用自己的养分和能量，滋养爱的人、守护一方已足够，也许这样显得胸无大志、没有为国为民的鸿鹄愿景，但是6数人性情温和、乐于助人，对家庭有责任感、对长辈孝顺懂事、对孩子倾尽全部，这样的人生也是快乐富足的。另外，阴土也没有阳土那般坚不可摧，所以也会显得原则性不强、特别爱和稀泥。

在电影届有一位大师级的人物是6数人——史蒂文·斯皮尔伯格，1946年12月18日生于美国俄亥俄州，斯皮尔伯格和妻子凯特共同抚养着7个孩子，其中有他俩孕育的萨莎、索耶和戴斯特，有他与前妻所生的儿子麦克斯，凯特与前夫所生的女儿杰西卡，还有领养来的西欧和麦凯拉乔治，真是一个大家庭。斯皮尔伯格非常珍惜与家庭在一起的时光，他与梦工厂电影公司签署的协议里，有这样一节条款：即使在电影拍片阶段，也必须每晚给斯皮尔伯格固定的时间回家与家人共进晚餐。“餐桌上的故事会”是斯皮尔伯格与孩子们晚餐的小游戏，斯皮尔伯格会先说出一个故事的主线，然后让孩子一个接一个按这条主线编故事情节，通常在二三十分钟之后，又会轮到斯皮尔伯格来为故事作一个总结或者结尾。

家庭的爱与责任感，是6数人心中永远火热的源头，也是你们事业上的灵感来源和不竭动力，只有这样满满的爱才会让6数人感到幸福快乐。

6 数宝宝脑子里在想什么

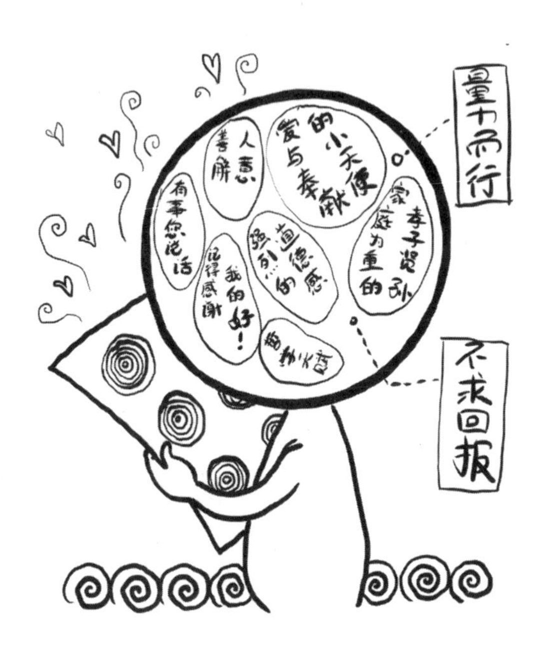

爱与奉献、家庭为重、孝子贤孙、善解人意、服务精神、道德感、索取心、勤奋、爱管闲事、操心、治愈力、温柔……(几乎没有)量力而行、不求回报

你的能量

6 数人走到哪里都像一个小天使一样，给人温暖舒服的感觉，你们本能就有修补东西和解决问题的能力，小时候修理玩具、玩过家家、帮家长做家务，大了之后愿意倾听别人诉说痛苦、帮人排解难题、喜欢照顾别人、勇于承担责任，一股天生的母性光辉，会让 6 数人具有服务精神、为他人着想，而且非常具备同理心，能够切实体会到弱者的需求，发自内心的生发同情，所以 6 数人的人缘都特别不错，也特别适合从事服务类、救助类的工作，你特别需要在别人的感激中获得个人价值和自信。

你非常重视家庭的温馨和谐，小的时候就会十分孝顺，爱父母、爱长辈，长大了之后不论身在何处，家也是你的动力源泉、是你永远的避风港，你会对另一半、你的孩子倾注全部，你的心里时时刻刻都有对于家庭的责任和义务，你喜欢家里热热闹闹的、和和气气的，你有一颗慈悲懂爱的心，你会真诚的付出爱，也渴望被爱，只要能和爱的人在一起，你就会无比的开心幸福。这种责任感、道德感，会让你散发出柔和的气质。

你对事情有自己的要求，有点完美主义倾向，而且你非常的勤劳、爱干净、讲究生活品质，在烹饪、整理、装修、插花、烹茶等跟家居和让生活更有格调的事情上，你也格外的有天分，你平时的状态就是常常忙里忙外一分钟都闲不下，过于懒散和安逸的生活反而会让你不安，在工作中也是能多承担就多承担一些，不会推脱责任，你希望通过自己的双手打造美好的生活。

你的课题

你的特质会让你身边总是有很多倾诉者，别人一旦有困难和矛盾也会遭到你，和2数人不同，你不仅仅是一个很好的听众，还会本能的站在对方的立场帮忙分析，别人的痛苦你感同身受，更重要的是你还会情不自禁的把自己带入，不管这件事情跟自己有多大关系、自己的能力到底够不够，你都会去帮助别人、照顾别人，甚至牺牲自己。同样的，你对负面情绪的消化能力又不够，往往承受着巨大的压力和痛苦，其实你还有另外一种选择，就是在解决别人的问题时候反观自己，学会平衡施与受之间的关系，懂得无条件的付出，和心甘情愿量力而行的付出，是你一生要研究的课题。

你必须学会正视付出与回报的关系，必须认清自己、先学会解决自己的问题，你希望所有的付出都有回报，这种回报并不一定是金钱，而是感情上的，希望别人记得你的好、对你感激，甚至预先设定好了对方的反应，以这种为前提会让你得不到时候很失望，有谁会愿意一辈子背负着人情债生活呢？久而久之成了怨气的根源，觉得别人都很冷漠。你不太会说“不”，不懂得拒绝别人，让你放着别人的痛苦视若不见很难，你就是这样一个感情的人，所以你的另一个课题，就是学会理性思考、学会说

“不”，你应该学会不要那么爱管闲事，世界没了你还能转，你的忍不住插手和操心有时候恰恰会帮了倒忙。

你对事情和其他人表面上很随和，其实内心是要求尽善尽美的，非常挑剔，而且你有着很严格的道德评判标准，喜欢用自己的价值观去强行的衡量别人、审判别人，其实你也不是圣人，你自己的生活和世界也没有那么绝对，往往是一团乱麻。你的不开心、你的难过、你的纠结，其实都来源于你内心：负面情绪的积压、对周围过高的期待、对朋友爱人的失望，还有给自己的压力，所以你才真的应该学会擦去自己心灵上的灰尘，给自己找一个出口。

第七节　数字7：幸运的好奇宝宝

7	对应星球	海王星
	代表符号	彩虹
	对应属性	阳金
	代表星座	天枰座
	幸运色彩	紫色
	守护神	智慧女神雅典娜

7数包含着幸运的色彩，大自然中很多美好的事物都与7有关，比如彩虹就有7种颜色，音乐有7度音阶，人体的细胞7年一更新，7总能给人美好、充满希望的感觉，而且也非常讲究平衡、和谐。数字7代表了阳金，“天干五行，庚辛同属金，庚为阳金，辛为阴金，地支五行，申酉属金，申为阳金，酉为阴金”。坚不可摧、刚直不阿，用来形容7数人很恰当，就像闪闪发光、不怕火炼的金子，聪慧和锋芒外露，也会恃才傲物、清高自负，脾气也是古怪，绝不会因为好处利诱而放弃原则。

娱乐圈中也不乏7数姑娘，但她们往往跟圈子的整个气质有一点点不一样，比如徐静蕾、林志玲、舒淇，她们大都聪明、冷静、理性，还有一位生活得非常极致的7数人就是俞飞鸿，资料显示她的生日是1971年1月15日，天赋数25，灵数为7，在她身上就充分体现出了7数人的仙气和追求，俞飞鸿这样好看，日子却过得清淡极了，在她身上找不到一切可以用来调侃或猜想的消息，只有清雅悠长的美丽，她并不太在意自己红不红、火不火，读书、习字、养性，7数人就是这样，淡泊名利、悠然度日，猛然间会发现，岁月对这样的姑娘格外留情，她的美很舒服，即便只是站在那里，你忍不住看，而且7数人都非常的克己，你们不会让自己的生活太颓废、太乱套，她从小家就养成了数十年如一日的习惯：规律的生活、修身养性、淡泊名利，你才知道45岁可以这样美：不打针、不扮嫩、不嫁豪门、不着名牌……真的只有，岁月静好。

7数宝宝脑子里在想什么

追求真理、强大的思考能力、自学成才、十万个为什么、质疑精神、批判精神、公平、逻辑强大、孤僻、安静、多疑……（几乎没有）浪漫主义、没有选择恐惧症、多管闲事

你的能量

有的人喜欢在讨论中直言不讳的提问并提出反对意见，有些人喜欢第一时间习惯性的否认，有些姑娘特别喜欢亲身研究化妆品、绝不轻信别人的推荐，有些男生哪怕玩个游戏也要较真儿……“为什么呢？”“这是真的么？”“不对吧？”最爱发问、充满质疑精神的就是7数人，看问题时具备一眼看穿事物更深层次的本质，并不会流于表面，你的思考力和质疑精神让你看待事物往往都有独到的见解，凡事你也喜欢自己去追寻真相、得出结论，绝对不会人云亦云，这是你独特的力量。

除了善于思考，7数人的研究和自学成才的能力也令人赞叹，7数人往往不会满足于书本的知识，而是对于自己喜欢的感兴趣的就会自发地去研究，尤其是别人很少知道的冷门，你都愿意一探究竟，7数人清心寡欲、有点清高，并不喜欢过于喧嚣吵闹、平庸世俗的生活，

不知道是一种巧合还是数字能量的机缘，夏洛克·福尔摩斯虽然是由19世纪末的英国侦探小说家阿瑟·柯南·道尔所塑造的一个虚构侦探，但他的生日是1854年1月6日，生命灵数恰恰是7，福尔摩斯的思维缜密、探案能力超强自不必说，而且他还是一个非常博学的人，懂得至少拉丁文、德语和法语三门外语，精通化学、解剖学、英国法律等等，这都和7数人聪明勤学、善于钻研完全吻合，更有趣的是，7数人总是喜欢一些古古怪怪的偏门，比如福尔摩斯喜欢恐怖文学，还非常神奇的喜欢小提琴，在植物学知识方面，他不懂太多，却对莨菪制剂和鸦片非常了解，他会观察、会学习，这些都让他成为了一个伟大的侦探，退休之后，我们伟大的侦探甚至去研究怎么养蜜蜂。这些都是7数人的能力和天赋使然。

你的课题

怀疑精神是你学习进步的原动力，但是如果过了，就变成了多疑、不相信任何人、

疑心病，一件事情摆在你面前不论大小，你都会第一时间选择不相信或悲观的审视一切，总是放大事情的阴暗面，这种批判精神也让你显得有些冷酷无情。而且你也会越来越自傲，越来越看不上别人，习惯性的对其他人提出的观点嗤之以鼻或者作出否定和不信任的回复。这种隐藏在骨子里的自负和自恋会让你越来越不可一世，你经常用居高临下的优越感冷冷的看着周围，你的世界也容易变得狭隘，你以为你是看透一切，其实你不知道人外有人、天外有天，你并不是聪明绝顶的那一个。

你凡事都讲究公平，并不喜欢过于亲昵的关系，这也会体现在感情生活中，不喜欢对方过于依赖你、你也不会过于粘腻谁，你不怕孤独，但如果不能敞开心扉就会显得孤僻。而且因为你天资过人又能洞察世事，如果放弃了表达自己，只会冷眼旁观，长此下去，就会躲在自己的世界中孤芳自赏、拒绝外面的世界。

你的人生课题，就是要克制自己的多疑、冷漠，和过分的自负，你太相信自己的逻辑和理论，忽视了周围的信息和善意，你恰恰就将优点变成了蒙蔽你双眼的缺点。

第八节　数字8：充满野心的实干家

8	对应星球	土星
	代表符号	无限、八角型
	对应属性	阴金
	代表星座	天蝎座
	幸运色彩	金色
	守护神	火神赫淮斯托斯

8 角型结构像一座稳固的城池，也暗含着稳定、权力和保护的力量，同时，如果把 8 横过来，又变成了数学中的“无限”符号，所以 8 数是一个内敛又拥有无限潜能

的数字，也象征着循环往复，8 数人多隐忍、坚毅，把能量包含在心里，并且相信有因才有果的定律。

8 数对应的是阴金，阴金比起阳金的过刚易折，多了些柔韧度，而且深知要将锋芒内敛其中，金子也可以隐藏在砂石当中，等待自己发光的时机。因为有了柔韧性和延展性，所以阴金的可塑性非常强，经过打磨雕琢可以完成从毛坯到工艺品的蜕变，就像 8 数人一样，能从事的工作很多、适应性很强，但是需要岁月的沉淀和洗礼让自己变得更加强大。金子的价值，也让你们天生有商业头脑，会在最短的时间内迅速作出对自己最有利的选择，当然，论起固执和自恋 8 数人也不在话下，只是表面淡定罢了。你们需要知道的是，除了金子还有钻石，人外有人、天外有天。

娱乐圈中 8 数人不少，比如范爷范冰冰，当她处在舆论漩涡时候的霸气回应、她对于成功的执着和坚定、她对身边员工的照顾讲义气，都充分体现出一个 8 数人的特质，娱乐圈想重走范冰冰成功路的人很多，但是能被称为“爷”的、对于事业有那股霸气野心和狠劲儿的只有她一个。8 数人对成功有着无比的执着和渴望，非常希望能够证明自己的价值，这种价值即便不能只用金钱来衡量，光芒万丈也是必须的，为了实现成功的目标，过是正是邪、是对是错并不重要，强大心智会让他们顶住压力、卧薪尝胆，所以 8 数人也有可能成为乱世枭雄一般的人物。

8 数宝宝脑子里在想什么

霸道总裁、渴望成功、实干家、领导力、公关能力、掌控欲、功利心、隐忍、诚实、匠人之心、讲义气、商业头脑、市场判断、世俗……(几乎没有)细节、当一个普通人

你的能量

你天生具备成就大事的魄力和勇气，并不拘泥于守家待业或者眼前小利，你的心中埋藏着更大的野心和抱负，并且懂得为了成功而等待时机、隐忍不发，你会为了自己的野心不畏困难、越挫越勇，与 1 数人的冲动冒进相比，你更多了些谋略和城府，能屈能伸、伺机而行。

你是天生的实干家，你深知自己想要的东西不是凭空出现的，空想主义和不切实际也是你最看不上的，有说废话的功夫还不如默默的埋头苦干。但是你也不会做没有结果的努力，正因为是实干家，所以做事情一定要有利可图，而且你的商业天赋和市场判断力也是与生俱来的潜力，如果你是个具备匠心的手艺人，你也知道怎么把自己的东西推向市场而不是被动等待，如果你是个产品销售，你也知道这样做好宣传而让更多人喜欢。你不会打无准备之仗，你如果想得到什么、想做什么，都会在心里暗暗谋划、在旁边静静观察，只是有时候会显得过于步步为营、谨小慎微，而且会把得失成败看得过重。

你喜欢有个人成就感的事情，并不喜欢一辈子屈居人下、做重复的没有意义的工作，你非常需要实现自我价值，不论是一个又一个项目，还是一部作品、一段感情，你都希望能够在中间找到自己的存在感，也希望做的事情能够有你的烙印、写上你的名字，所以你更喜欢全盘的掌控一件事情，不喜欢被人利用。

你的课题

你对成功充满渴望，但这条路上势必不会一帆风顺，最大的障碍来自你的欲望和掌控力，你可能会过于自负、急于求成，凡事就算不亲力亲为也要尽在掌握，可是命运往往就会跟你开个玩笑，考验你的耐心。过于急躁和过剩的欲望会扰乱你的节奏和判断，也会出现失控的突发状况，你需要的是冷静，善用你的思考和直觉。

你的成功之路不会平坦，好在你有霸气和隐忍的力量，但是也要告诫你的是，不要目的性太强，也要学着对失败释怀、要试着去欣赏沿途的风景，你深知钱不是衡量成功的唯一标准，但是你也需要金钱地位来证明自己，如果能攀到高峰自然是好，但是毕竟我们大多是平凡众生中的一个，你要知道自己的终点在哪里，而不是永远不知足，贪心和世俗观会让你的人生失控。

你是非常诚实守信之人，如果过于追求成功可能会不择手段甚至违背内心的诚实，这些都将成为你不安的来源，因为你深信因果相报，你平时宅心仁厚、讲究义气，也是希望当自己需要帮助的时候有人出现，也是怕不好的事情发生在自己身上，你一直在坚持对人善良仁厚。而你的课题，其实恰恰在于对自己诚实，因为你反而不太真实的面对自己的内心，尤其在感情世界中，你也会将掌控欲和隐藏带入，就像对自己的事业一样，似乎总是希望另一半屈服，如果对方做了些令你不悦的事情，你知道要压制自己，但是却越忍越难过，最后到崩溃。

第九节　数字9：博爱的和平使者

9	对应星球	火星
	代表符号	圆形、万花筒
	对应属性	阳水
	代表星座	射手座
	幸运色彩	银色
	守护神	森林女神阿尔忒弥斯

9 数是一个集大成者，他的代表图案是圆形，也可以是万花筒，代表着千变万化、无限包容的力量，也代表了无限可能。9 数人为人十分谦和，几乎没有人会与你们合不来，你也能接受各种各样的存在，认为存在即是合理。9 数人也不记仇，总能理解别人的苦衷或不易，天生乐天的心性也让你们不会纠结于别人对自己的伤害，没有必要去强求不属于你的东西，所以你会由内而外的对很多事情看开、释怀。

9 数代表阳水，是大江大海之水，有吞纳百川的力量，既可以平静包容，又可以波涛汹涌、气吞山河，所以 9 数人通常都会越发具有大智慧，包容、大方、和善，具备眼光和谋略，也会非常理想主义，认为梦想能改变世界。9 数人有一颗柔软慈悲的心，善于体察人间的冷暖疾苦，也会因为想的过多、要顾全的太多，而优柔寡断、显得很好欺负的样子，如果有人能在艰苦的环境中怡然自得，还能想着用自己的血喂喂蚊子，那一定是 9 数人。

从容优雅，举止得体，9 数人总能在流行中坚持自我，在变化中找到不变的永恒。比如 62 岁的赵雅芝，经历了两段婚姻，拥有三个孩子，所有人都在感慨她居然已到花甲之年，出现在公众视野，一如既往的优雅知性。赵雅芝说，自己已经忘记了年龄。某种意义上来说，她留在了自己的时代：在娱乐匮乏的年代，于诸多电视剧里释放她惊人的美，一直以来行为克制、形象良好，隐退后，每次露面都能保持笑容和美貌。她说她不喜欢做偶像，但的的确确，她在示范着一种面对老去从容优雅的姿态，让所有拥有年轻的人惭愧。

9 数宝宝脑子里在想什么

博爱、人道精神、崇尚自然、信仰、爱好和平、包容、平静、理想主义、不切实际爱幻想、胆怯软弱、优柔寡断……（几乎没有）现实、自信

你的能量

与 6 数人相同也不同，都是富有同情心、愿意为爱牺牲、喜欢分享，但是 6 数人的爱总是围绕着家人、朋友和自己的生活圈子，说到底是围绕着一个小家，而 9 数人更具有博爱精神、更广的视野和领袖精神，他们这种爱和同情心，反而可能没有淋漓

尽致地体现在身边的亲戚朋友身上，而是体现在更多的弱者身上，不论是受灾受难的人，还是流浪的小动物，亦或是电视中的镜头和场面，总会有一些能够触及到9数人心中最柔软的地方，让他们感到格外心酸和牵挂。所以在公益、环保、志愿服务方面，9数人会更有动力，也能获得发自内心的快乐，有人比喻9数人就像是来到人间受训的天使，怀着一颗充满人道主义的心。

9数人天生乐天，能用自己的纯真、善良带给周围人快乐，也是个超级和平主义者，不喜欢与人争斗、发生冲突，不自夸、不张扬，也不愿意出风头，在人多的时候总是默默地躲在一边报以微笑，自带一种与世无争、祥和宁静的气场，所以没有人会讨厌9数人。

你们追求的往往是精神层面的，9数人甚至会有一些精神和道德洁癖，你们不喜欢人性当中的阴暗，也尽量让自己做一个高尚的人。当然，也会体现在价值观上，追名逐利一定不是你们想要的，你们对物质要求并不高，所以也不会给别人造成攻击性、敌对感，也不会有利益的撕扯和纠缠，会发现当9数人发自内心的去帮助别人、过好自己的生活时候，财运往往随之而来，而他们要真的违背本性去做商场上征战、勾心斗角，非要唯利是图，反而赚不到钱，所以金钱更像是9数人工作与生活的附属品。

你的课题

你有很多恐惧和胆怯，说到底还是来自于你内心的善良和理想主义，你不愿意面对人性的缺点和阴暗面，你也不愿意面对自己的内心深处的弱点和负面，你会尽量让自己永远不要触碰道德底线，做了错事想法找理由，希望自己一直能够给大家看到高尚无私的一面，不要出错，甚至会慢慢的伪装自己到麻木。你太想过一种安稳无忧、岁月静好的生活了，你不喜欢任何大的波澜，厌倦世俗和烦乱，经常性的逃避问题，自己不喜欢、害怕失败和挫折、可能会被欺骗、对方人不好……所有的一点点危害和负面的可能性都会成为你退缩的理由，你会慢慢变得懦弱、瞻前顾后、犹犹豫豫，可能一事无成。

你本来就愿意帮助别人，但是认人不清会让你被利用，反而会增加了你的胆怯和怀疑，其实是你自己最开始就选择忽略人性中的恶，你的想法和目标太完美，没有做出最坏的打算和心理准备。世界上没有安全岛、没有理想国，人性就是分善与恶，你无法规避所有人不好的一面、你也不可能躲在世外桃源求内心安宁，所以你的课题就是要勇敢地面对现实、面对自己和周围人的真实，而且，增加自己的原则！帮助别人、做事情、与人交往，都可以先设定好自己的底线。

其实你本来是非常有才华的人，就是别在天上飘着，需要脚踏实地，你也容易不自信、不坚定，你可能会过于沉溺于一个梦想，当付出很多回报很少时候，就会抑郁不得志，感慨梦想要不可及。你喜欢躲在一个人的世界里胡思乱想，刚有了一些想法还没等开始，自己先把自己否定，想出一大堆不可能的理由，最后总是显得畏首畏尾，你要给自己一个坚定地理由，想到什么就去做，人生只有一次，你需要风风火火一点。

【手札：当星座遇到灵数】

星座与灵数并不矛盾，甚至有很多关联和微妙的碰撞。每一个星座都有它所代表的数字，与星座在12宫的排序一致，从第一宫白羊座到第九宫射手座，刚好一个循环结束，从第十宫的摩羯座（1+0）重新回到数字1，第十一宫水瓶座（1+1）的代表数字是2，第十二宫双鱼座（1+2）的代表数字是3。所以，星座与数字的关系远比我们想象得更加密切，每一个星座都具有它所代表的数字的特质。在占星学中，即便你不知道更深层次的星盘、夹角、相位……起码也可以知道，太阳星座、月亮星座和上升星座，他们类似于你的灵数、天赋数和生日数，构成了你性格的点点滴滴，也是独一无二的你。

灵数1——白羊座和摩羯座

很多人会奇怪，白羊座和摩羯座也有共同点吗？一个属于火象、一个属于土象，但其实他们的领导力、号召力和做事的执着精神上是非常一致的，总是能迅速召唤来满满的正能量和不怕挫折、打不倒的“小强精神”，而且都很爱面子、自尊心强。不同的是摩羯座会比白羊座多了些影响力和灵气，懂得隐藏锋芒，这是由于所处月份和排序的不同，摩羯座排在第10位，而白羊座则是把喜怒哀乐都写在脸上、率性直接、行事冲动。

灵数2——金牛座和水瓶座

为什么这两个完全不搭边的星座会扯在一起，似乎截然相反的性格啊。的确，金牛座对美好和艺术有着出色的鉴赏能力，还非常喜欢享受生活，温柔、细致、珍惜婚姻，这点上，金牛座与纯粹的2数人、也就是20/2更契合。那么水瓶座呢？水瓶排在第11位，所以才体现出细微的差别，会有多面性、显得古灵精怪，水瓶座的表面是数字2的随和、亲切，内里却是两个1带给她的纠结、分裂、鬼才。两者，都有细腻温柔的内心。

灵数3——双子座和双鱼座

这两个带着双生的星座与数字3有着不解之缘，在顺序上来讲正好排在第3位的双子座创意十足、鬼点子多，聪慧机智而且能言善辩，口才和头脑都非常出色。而排在第12位的双鱼座，则受到2数的影响，更细致敏感，内心对外界的感知能力更强大，有着丰富的想象力。

灵数4——巨蟹座

无需多言，巨蟹座与4数十分吻合，最是务实稳定。他们对于物质保障和安全感的追寻十分有执念，在乎安稳、务实的生活，不喜欢太多花哨、不切实际，而且十分固执，内里柔软。凭借自己的努力构建起温暖的大后方，才是继续前进源源不断的动力。

灵数5——狮子座

狮子是草原之王，喜欢懒洋洋的在大草原上晒太阳，看着自己守护的一片天地心满意足。所以这种不需要约束、热爱自由，勇于开拓却又懒懒的状态，就是灵数5的另一番写照，当然，遇到该往前冲的时候那绝对不含糊，可没有事情的时候也是拖延症重度患者，另外还特别的热心肠、爱面子、爱帮忙，草原之王么，必须要有点威风感。

灵数6——处女座

处女座一直都是大家乐于调侃的对象，其实他们有责任心和服务精神，非常会照顾周围的人，是个小天使一样的存在。只是内心有非常重的完美主义和强迫症倾向，经常过于纠结细节、因小失大，对待感情也带着极强的道德感和奉献精神，同时内心按耐不住焦虑和软弱。

灵数 7——天秤座

在诸多数字和星座中，排在第 7 位的天秤座的确也是让人琢磨不透的一个，当你与一位天秤座相识，他总是能给你留下温和亲近的样子，可是再进一步呢？却很难走近他们的真实内心吧，他们只会对那些跟自己投缘、自己看得上的人才会有更深的接触，内心十分挑剔。而天秤座，正如他的象征图形一样，追求公平、公正，善于思考、明辨是非，少了些人情世故。

灵数 8——天蝎座

天蝎座与灵数 8 是高度契合，兼具了对财富、权力的野心，也有城府、魄力和霸气。世界上最富有的天蝎座是比尔·盖茨，在国内，悉数各位商业巨头和创始人：百度创始人李彦宏、雅虎创始人杨致远、搜狐创始人张朝阳、腾讯创始人马化腾，都是天蝎座，再比如演艺圈很会赚钱、向企业家转型的黄晓明。他们的成功，与性格息息相关，而且更在乎的是个人价值的实现和权力的在握，相比金牛座爱财、巨蟹座寻求物质安全感，天蝎座或 8 数人都将权力视作第一，不容领地被侵犯。

灵数 9——射手座

射手座喜欢自由自在、无忧无虑的生活，理想主义、有远见，而且非常有同情心、博爱，喜欢帮助弱小，与灵数 9 相同，而且具有从事慈善、公益、志愿者的天分，这是很多只谈星座的文献中容易忽略的。而射手座和灵数 9 的守护神，都是森林女神阿尔忒弥斯，她最擅长的就是骑射，也会在森林中救助受伤的小动物和迷路的人。

第二章　如何描绘出你的灵数图

摊开你的掌心，你会看到不同的掌纹，而通过你的生日，就能画出属于你的灵数图，它就像是一个人的掌纹，在灵数基础上，通过这幅图可以了解到一个人更丰富的性格侧面、生活走向、优点缺点，也会让你更好地认识自己、开发自己的能力。灵数图上由数字、圆圈和连线组成，当你掌握了前面的内容，那么是时候来进行高阶修炼了。加油吧！

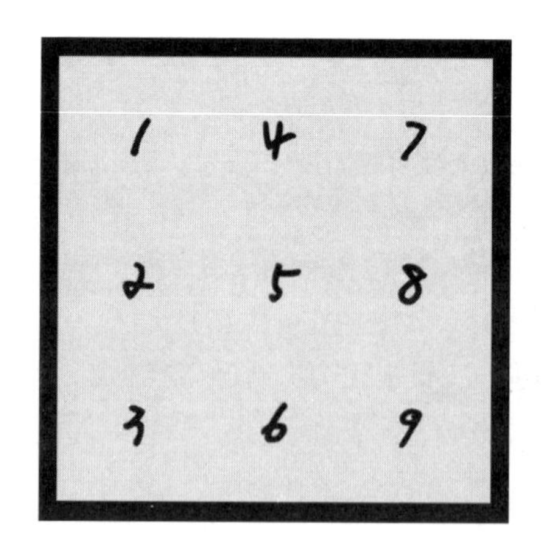

灵数图数字排列

这就是我常用的灵数图 1–9 的排列，接着，要把所有已知的、你的生日中包含的相关数字：生日的年、月、日、灵数、天赋数、星座数、生日数，全都画在相对应的数字上。

举例：一个人的生日是 1987 年 5 月 20 日

1）年月日分别画圈：在 1、9、8、7、5、2 上依次各画一个圈，如果这其中有数字重复，那么数字重复出现几次就画几个圈。

2）灵数和天赋数分别画圈：1+9+8+7+5+2+0=32，3+2=5，所以在灵数 5，天赋数 3 和 2 上各画一个圈。

3）生日数画圈：2+0=2，所以 2 要再画一个圈。

说明：生日数为个位数时，不用重复画圈；生日数为两位数时，要加到个位，再画一个圈，如 15 号出生的朋友，要多画一个生日数 6；生日为 28、29 的朋友，会加出 10 和 11，继而再加出 1 和 2，那么如上面的举例那样都要画上圈。

4）星座代表的数字上画圈：比如 5 月 20 日是金牛座，那么要在 2 上再画一个圈。星座与数字的对应，这里贴心的附上：

星座	生日范围	对应数字
白羊座 或魔羯座	3月21日—4月20日 或12月22日—1月19日	1
金牛座 或水瓶座	4月21日—5月20日 或1月20日—02月18日	2
双子座 或双鱼座	5月21日—6月21日 或2月19日—3月20日	3
巨蟹座	6月22日—7月22日	4
狮子座	7月23日—8月22日	5
处女座	8月23日—9月22日	6
天枰座	9月23日—10月22日	7
天蝎座	10月23日—11月21日	8
射手座	11月22日—12月21日	9

等到你画完之后，我们就可以直观的看出你哪个数字上的圈圈画的多，哪个数字画的少或者根本没有。如果有相邻的三个数字都有圈圈，那么还要画上连线。接下来，我们一起看看具体怎么解读这张图吧。

第一节　一起来数圈圈

写出数字，最先要做的事情就是画圈，那圈圈的多少有什么意义呢？某一个数字圈圈很多会不会有其他影响呢？答案是肯定的。每一个数字，都有它所代表的能量、蕴含的意义，而且都有正反两面，没有一个数字是绝对的好、也不会有一个数字是绝对的坏。

空缺数：数字上没有圈，说明你不具备这个数字的一些特质和能量，是你欠缺的、不擅长的地方。

刚刚好：某个数字上，有 1 到 2 个圈圈，这时候表明你刚刚好具备这个数字的能量，该数字的基本特征在你身上有一些体现，表征不算太强，点到为止、力度合适。具体表现可以参见第一章，本章节不再详述。

要重视：如果一个数字上有三个或者以上的圈圈时，它的作用和决定性，完全不亚于你的灵数，如果数字的圈数超过 5 个，那么即便你的灵数不是这个数字，也要按照这个数字来看了，他会对你起到更多主导和决定性作用，是“能量过大的数字”。而且，不仅仅你会将这个数字的正能量发挥到极致，同样地，他的负面能量你也具备，是你性格中表现很明显的缺点所在，要特别注意咯！

空缺数：给人生留下更多可能

如果你的灵数图中，有哪个数字上面没有圈圈，就是我们说的“空缺数”，说明你不具备这个数字的一些特质和能量，是你欠缺的、不擅长的地方。**在事业和兴趣的选择上，可以避开弱势发挥优势、扬长避短，而在精神层面、情感世界和行为处事、交流沟通方面，这个空缺，就是你需要弥补和修复的。**

有很多人特别执着于自己的空缺数，认为那是不好的。有时候，当我给对面的咨询者画出他的灵数图，他们会对自己某个数字的缺失感到非常失望，对自己某个数字过多又非常嫌弃，然后兴致勃勃的再让我帮忙看看他的朋友，看到结果的一瞬间，如果别人拥有了他心仪的数字，他会有一丢丢沮丧和羡慕，如果没有，他仿佛偷偷松了口气。我在旁边微笑着看他，轻声问，朋友，你何苦这样不接受自己呢？

我要告诉你的是，有缺失才是另一种圆满。理性上说，任何一个数字带来的能量都有好有坏，你没有 8 数的财运和气场，也不会有它的贪婪和世俗，你没有 3 数的灵动和头脑，也不会有它的任性和脆弱，你没有 7 数的思考和专注，也不会有它的冷漠和多疑……明白了吗？你就是你，好的坏的才组成了真实而独一无二的你，何必羡慕别人的所得，而看不见他们的所失呢？

做一个完美的圣人真的可爱吗？他们也有很多烦恼。有时候，我看到一个灵数图，上面所有的数字都有圈，一个空缺数都没有，这是一种不常见的图形，我给它起了名字叫做“十全十美图”，也有时候开玩笑称它“十全大补图”。这样的人，生活中有幸运、有优势，往往命运最终的走向是非常不错的，但是过程会有点颠簸坎坷。因为他具备所有数字的优势，容易在贯通的道路上迷失方向、没有重点，不知道如何选择一条最适合自己的，然后专注地走下去，容易在迷茫和能量过于分散中流失了最佳奋斗的光阴、蹉跎了岁月，而且心思复杂、思想包袱太重，事事要求尽善尽美而学不会有一点喘息，这种苛责会让他的前半生非常辛苦，不容许自己和别人出错。他必须学会的，反而是接受生活的不完美，找到一个释放自己的出口，学会放下、学会做减法、学会真正的享受生活。

举个例子：

汪峰，他的生日是1971年6月29日，1+9+7+1+6+2+9=35，3+5=8，所以他的灵数是8，天赋数是35。

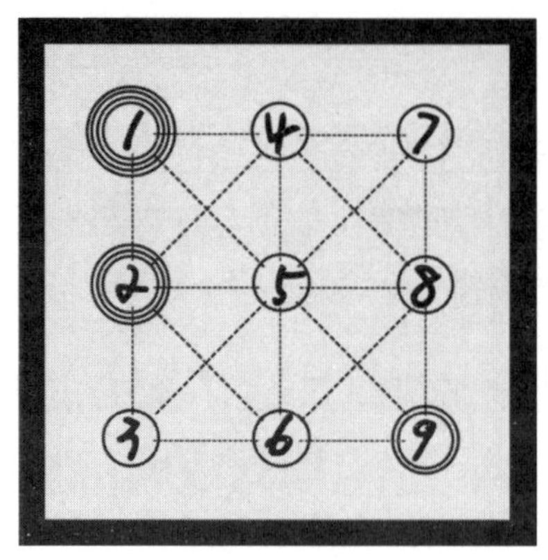

汪峰灵数图

长久以来汪峰都不会与媒体和公众打交道，为人过于谨慎、要强，总希望留下好口碑、把事做到滴水不漏，却往往事与愿违，与他同年代曾经专注于摇滚的很多音乐人都已经被公众遗忘，玩摇滚的多半崇尚自我价值、不愿随波逐流，汪峰他没有专注于做一个不入世的音乐人，而在演唱会、当评委、做导师等方面多点开花，这也是他的性格写照，比起做一个被遗忘的专才，更要做一个不甘寂寞受人瞩目的全才。但我们发现，最近汪峰有点变化了，变得爱笑了、柔和了，学会跟大家互黑了，不那么拘谨和不真实了，开始变得可爱了。这些改变，来自章子怡。

章子怡的灵数图，与汪峰截然不同。章子怡是典型的1数人、灵图简单而清晰，按照她公开的生日1979年2月9日来看，她的灵数为1+9+7+9+2+9=37，3+7=10，1+0=1。

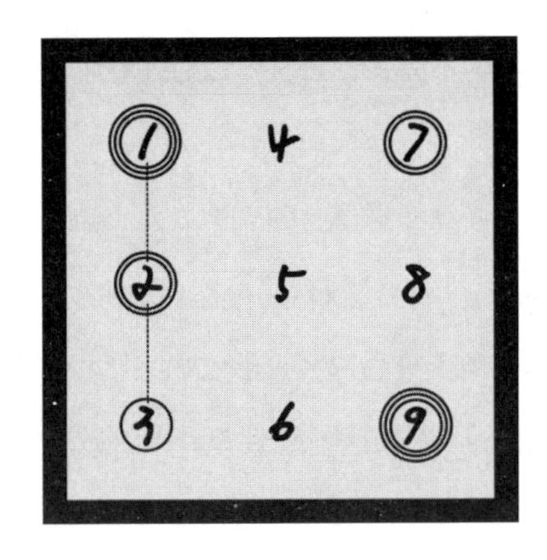

章子怡灵数图

一直以来，章子怡不论是在感情还是在事业上，都知道自己什么阶段需要什么，并且从来都是勇往直前、不到南墙不回头，她知道自己的喜好和天赋所在，认准了就去追求自己的想法，这没什么可丢人的。当年《卧虎藏龙》中的玉娇龙，机缘巧合的成了她最好的侧写。

她对自己的感情从来都是以开放的姿态示人，不会遮遮掩掩、不会东躲西藏，当舆论问起时都会大方承认，即使有一些恋情不被外界看好，她都没有动摇过。走自己的路，让别人说去吧。她和汪峰的恋情，更是从最开始就遭遇了外界的揣测和嘲讽，章子怡一贯的我行我素，加上汪峰的过于谨慎，都是公众和媒体眼中不讨喜的状态。

可是，我们的生活从来就不是过给别人看的。时间证明了章子怡想要的幸福，我们可以从她的微博和生活状态上看出，幸福是发自内心的，她从不会回应外界的质疑和说法，只是过着自己的生活。这样的生活态度，让很多人对她转粉，也送上由衷的祝福。两个人的灵数图属于互补型，汪峰碰上子怡，可以化繁为简、率性而为了。

一般空缺数多的人，反而更加简单直接，一门心思知道自己要什么。在运动员和艺术家当中，很多都是拥有简单到令人不可思议的灵数图，他们也能将自身能量发挥到极致。**千万不要过分纠结自己的空缺数，那是老天给你的疼爱，让你去努力的课**

题，如果你都不能接纳自己的不完美，还怎样让别人爱你、怎样去拥抱这个世界呢？

空缺 1：

缺乏进取心、做事缺少冲动和勇气，独立性太差、缺乏主见，做事时候没有自主意识，自己做决定的时候少，显得比较软弱。2000 年以后出生的孩子，才可能出现完全没有 1 的情况，所以很多千禧后宝宝过于依赖父母和别人、开拓能力欠缺，需要培养独立自主意识，尝试让自己独立完成一件事、独立做决定，也会承担后果。

空缺 2：

不太善于倾听和妥协，缺少合作精神、不会配合他人，凡事都喜欢亲力亲为，特别不喜欢给别人添麻烦，“求人不如求自己”是你经常跟自己说的话，不会借力、很多时候会觉得很累。做事粗放不注意细节，容易在小处出错。缺少 2 数能量的人可能在人际关系上显得不够圆滑、不太好接近，或者直来直去、表达过于直接不会婉转和迂回。记住过刚易折，不要太逞强，也别死要面子活受罪。

空缺 3：

你不是团队中有才华、有灵性的那一个，不会表达自我、不爱说话，有点闷葫芦，容易淹没在团队中或者因为木讷而被人误解，你不会花言巧语、也不会哄人开心，想表达而找不到合适的途径，但这也是你耿直、踏实的一面，另外，你可能在原创能力方面有欠缺。

空缺 4：

你做事缺乏规划和条理性，缺少计划和长远打算，不喜欢被约束、被限制，你对于金钱和物质也一样，没有过高诉求、也不擅长理财，因为缺少自制力，你容易被无序和懒散的状态困扰，也容易不太稳定和务实，有点善变、不接地气，生活不需要太清高，也不需要太飘渺，你需要把自己身边的事情、脑海中的想法，一二三四梳理出来，踏实一点。

空缺 5：

数字 5 在灵数图中占有居中的位置，缺少 5 数的图形就像缺少 5 数能量的人，总是缺少行动力和更多勇气，做事容易抓不住重点、分不清主次，会被太多来自外界的干扰做出不从心的选择，因为别人的观点动摇内心真正的态度，而发现选择错误找借口推脱，其实怪不了别人。而你的生活或事业，也缺少主心骨、精神支柱，其实你需要一个信念，和让自己向前冲的动力，并且坚持下去。

空缺 6：

你缺乏奉献和服务精神，缺少同理心，你并不想理会别人的需求和想法，经常有话直说、高兴不高兴都摆在脸上，有时候还会因为过于主观而将观点强加于人，让别人感到不舒服。对于身边的人，其实你不是不会爱，而不没有找到表达爱的途径。你需要学会将心比心、换位思考，有时候多付出一点、多忍让一点，也没什么大不了。

空缺 7：

你的生活可能比别人多了点辛苦，因为不论得奖中彩票这类的小运气，还是有人帮、时机好这种大运气，总是没有特别眷顾你，但是你也练就了踏踏实实靠自己的本事，心胸也更开阔。你缺乏自省和思考，缺少勤学好问的钻研精神，不太喜欢分析推理，所以心思单纯但也容易被骗。所以，要经常沉下心来，看看书、静静心、想想事，凡事三思而后行，对你有好处。

空缺 8：

你喜欢随遇而安的生活，不会被金钱名利羁绊，另一个角度说，你也没有什么事业心，没什么挣大钱的想法，所以你不会有太大的财运，但是你的追求也是开开心心、随心所欲的生活，物质或者金钱够用就好。如果你带团队可能会缺少一点霸气和说服力，因为你不太喜欢管人、不喜欢干涉别人，所以团队就这样放羊了。对待感情也是如此，对另外一半可能过于不管不问，。

空缺 9：

2000 年出生后的千禧宝宝，可能会出现没有 9 的情况，所以过于自我或冷漠，有时候会显得对周围一切漠不关心，缺少同情心，也会缺少点理想主义精神。这样的宝宝，需要父母给予很多很多的爱，培养他们对身边的关注、对弱小的爱心，多多亲近大自然，感受来自周遭一切的美好。也可以通过画画、读书、看电影等，开发自身的想象力空间。

要重视的大能量数字

当你将自己的的灵数图画出来后，发现有的数字竟然圈数很多，4 个、5 个，甚至更多，这样的数字有可能和你的灵数相同，但也有人会发现，这个数字与灵数不同，那这个数字应当怎么看呢？这个就是影响你的“大能量数字”。

如果它跟你的灵数相同，那么这个数字的好与坏你要细心看看，对你影响至深，如果它跟你的灵数不同，那么，除了要看灵数之外，这个“大能量数字”你也要看，或许你身上有很多这个数字的影子。这个道理有点像现在大家都在讨论的星座与上升星座。

当你发现，自己的“大能量数字”上面有那么多个圈圈，其实不仅仅是这个数字的正面积极因素你会有，负面的、消极的因素你也占据了，那么就要在生活中多多注意了。下面讲述的，是数字有 5 个或更多圈圈的情况，是你潜藏的隐患和问题，需要修正，如果你固执的不想改变，那么只能自己承受结果。

所以，我们主要来说说，大能量数字带来的负面影响，好话就不说了。

1 过多：

虽然你很耀眼夺目、人群中总是你最突出，但是你也十分自以为是，太自以为是了，地球一定要围着自己转，自我为中心，认为所有的事情都是自己最对、最好，掌控欲很强、自私专制，甚至会很自负、听不得任何劝说和建议，你的行为原则就是：

我说的都对，如果我说错了，参照上一条。你急于证明自己、最怕没人注意自己，但不懂得换位思考，也不懂得看到别人的付出，你的魅力会吸引很多人围绕过来，将你当作皇帝或女王，但其实你可能并不讨人喜欢，大家对你只是出于迎合或敷衍，没人的时候你会感到十分孤独。我想跟你说，别那么自恋，也别那么自负，多一点平常心好吗？其实你并不是神，只是一个普通人。

2 过多：

太敏感了、太纠结了、依赖心太重了，而且还有不同呈度的玻璃心。你总是在一旁察言观色、默默配合，却十分没有主见，没有立场，遇到事情犹犹豫豫、优柔寡断，于是错失了很多机会，还只能暗自神伤、只会抱怨。2 数这么多会经常没来由的难过、脆弱、求抱抱，不论是生活还是工作，不论对待家人、另一半、朋友还是同事，都急于找到一条粗壮的大腿然后死死抱住，躲在他们后面，所以大家会觉得你特别粘人、生活自理能力差，会给别人造成负担。而且你还会过于在意别人的说法，想的太多，太玻璃心，所谓“说者无心听者有意”，但其实，亲爱的，别人真的没有那么多弦外之音，是你想多了。

3 过多：

会不会有人觉得你太贫了，或毒舌、或话痨，经常只在意自己痛快而根本不管别人烦不烦、想不想听，而且杂乱无章、思维极其发散和跳跃。同时，如果这个数字能量过大，你会是“公主病”或“王子病”的深度患者，必须时时刻刻要别人赞美你、夸奖你，你还会去分辨这种夸赞是花了心思的还是敷衍了事的，对周围很多人和事都百般挑剔，更夸张的，还是一个拜金主义呢，容易肤浅而不自知。而且数字 3 能量过大，会让你的纯真变成幼稚、不成熟和任性妄为，会让你的生活出现很多波折，这些波折，都是你自己惹的。3 数过多的宝宝，不要作了，不要飘在天上了，来看看人间烟火吧。

4 过多

墨守陈规、不会变通、不懂浪漫、还很吝啬，这都是 4 数为大能量数字时候产生的负面影响，对于你来说最怕的就是出现幺蛾子，不容许生活工作感情中有一点点的措手不及和偏差，所有事情都希望做足完全准备，一旦出现意外情况你会耿耿于怀、懊悔不已，其实何必把自己逼迫的这么紧呢？计划本来就没有变化快。而且，你会显得工于算计，对金钱和物质看的过重，给人吝啬的印象，尤其在人际交往中，把算钱的事儿交给你大家肯定放心，但 AA 制还要精确到一毛钱、一分钱，可能就是你让人不舒服的地方。

5 过多

固执，到偏执，再到偏执狂。有人问我几数人出老顽固，1 ？4 ？还是 9 ？我要说，你们千万别被 5 数人的外表所迷惑了。看着随心所欲、率性而为，其实内心比谁都固执，他们认准的事情你说什么也改变不了，他们不认可的事情你说破了大天他们也不信，如果他们喜欢的事情会无比用心的去做，而他们不喜欢的，也绝不会为了任何人而改变，哪怕做做样子都难。尤其是对恋人、亲人、要好的朋友，会被这种固执所伤，你认为你很了解他们么？其实并没有。另外，当 5 的能量过大时候，也会出现多管闲事、精力过于分散的情况，本来属于它的勇气和执行力，反而会变成缺乏勇气和固步自封，因为他们会让自己的能量在无谓的诸多琐事中耗干净，就更不用提重度拖延症和缺乏时间观念这些问题了。

6 过多

原本的小天使，瞬间变成小恶魔，让身边亲近的人几乎崩溃。6 数能量过多的负面，就是对于自己的付出，急于索取回报，为别人做一点点事情，就一直明着暗着提点，希望别人一直念着自己的好，目的性太强，反而显得自私自利。而且还特别喜欢站在道德的制高点对别人加以审判，将自己的好强加于人，希望自己是那个小天使而别人都要觉得是自己不好、太对不起你，天啊，这样的道德绑架最终会逼走身边所有亲近的人，因为没有任何人想在被指责和内疚中度日啊。这样的付出是真的吗？不会让别人觉得这只是一种伪善吗？你需要好好克制一下自己、反省一下自己了，也许你所谓的“为他好”不是真的“对他好”。

7 过多

当这个数字负能量显现时候，带来的就是冷漠和多疑，高智商犯罪分子可能潜藏其中哦，开个玩笑。你会清高自负、甚至狂妄自大，谁也看不上，别人说的话、提出的观点、对你的建议，你都觉得幼稚可笑、疑问重重，你会急于反驳、或压根懒得理会，总之，就是不屑往心里去，有点唯我独尊的意思了。你会不喜欢别人依赖你、亏欠你，当然你也不喜欢亏欠别人，最怕感情债，自己一个人也挺好，是“不婚主义”的高发人群，当然，更过分的就是对人冷漠、与任何人都保持距离、不轻易的交心，经常疑神疑鬼、不相信别人，以至于没有特别贴心的朋友，周围人会觉得你不好接近。

8 过多

为了达到目标不择手段、急功近利，当 8 数的能量过大时，你对于金钱、地位、权力的欲望也会爆棚，在这个过程中，也就容易被贪念掌控，做出一些会让自己后悔不已的决定，其实生活中不仅仅只有这些，除去功名利禄、个人价值，还有很多值得你关注的美好。也会容易出现拜金、好堵、世俗等，最常常出现的偏差，容易以成败与否来判断一个人的价值，这样会让你众叛亲离，缺少真心的朋友。另外，也不要过于隐忍和记仇，把腹黑和算计写在脸上，把别人都吓跑了。

9 过多

幻想、妄想、不切实际，想的太多做的太少，眼高手低，这些都是可能的负面因素。因为你对理想对世界都有自己的认知，甚至只愿意活在自己的世界中，不愿意面对现实，遇到问题只想逃避，缺乏承担的勇气和对不好结果的预判，过于乐观，当你遭遇困难和挫折，很容易厌世、逃离、一蹶不振，软弱、拖沓、对于感情拖泥带水、当断不断，这些问题也会一直困扰你。另外你会过于重视外部的力量，而忽视事在人为，容易在遭遇挫折后将注意力转向宗教、信仰等等这些精神寄托上。

【手札：关于柒七】

这里要说的是，补充，也不是面面俱到、非要怎样不可，而是有重点、有选择。

如果你有很多个空缺数，那么可以选择其中1个在你的生活、工作或感情中最需要的能量，找到对应的数字，把它作为你的幸运数字。其他缺失的能量，你通过阅读这本书，了解数字的正反面，然后反观自己，在适当的时候提醒自己要注意什么。

说到这里，可能细心的你会发现，我的笔名是柒七，跟我自身的空缺数有关吗？

哈哈，其实是的啊。我的空缺数字是2、4、7，那么我会在工作中注意细心、耐心、多多倾听来自周围的意见和想法，这是在有意识补充数字2的正能量；也会在生活中注意花钱不要大手大脚、对未来增加规划、做事情注意条理性。不瞒你们说，以前我可是个特别邋遢、生活懒散的人，能把家里过得一塌糊涂，从大学寝室、到后来的办公桌，永远是最乱最被嫌弃的。后来自己意识到，这是因为缺少4数的能量，于是也会买来日本收纳女王的书偷偷看，把屋子和生活来次彻底断舍离，还会买来时间管理、学做excel表格之类的书，总之，要默默地把缺失的部分补上。

最后为什么选择了数字7，也是发现自己性格中有太多火爆冲动的因素，一路像个虎妞儿一样横冲直撞的长大，某天停下来反省自己，发现的确有太多时候，行事太过于莽撞不计后果，年轻时候可以说成少不更事，大了，就会伤害了自己，更会伤害到周围的人。所以，希望7这个数字，成为自己的幸运数字，能时刻提醒自己三思而后行、多看书多自省，当然啦，说了这么多冠冕堂皇的话，最终还会暗暗祈祷自己能不能拥有7数的小幸运。哈哈，总之，柒七我可是非常觊觎7数的能量呢。

俗话说，缺什么就补什么，除了在生活中有意识的去寻找自己缺失的数字，在最后一章节会有很多小方法。突然小担心，会不会以后读者们都变成了小六、三三、九儿这样的名字呢。

第二节　连线——连出你的命运掌纹

每个人都会或多或少的欠缺一些数字，而存在的数字之间，通过连线又有了紧密而微妙的联接。主线和副线又是什么呢？

当你展开你的灵数图，就会看到不同的连线组合，他们仿佛是你的命运掌纹、性格星盘，可以全方位解析你的行为模式，告诉你许多被忽视的问题。这些连线组合代表着我们的精神能量、情感能量、人际关系等等。

还等什么？快来动手画出属于你的连线吧。

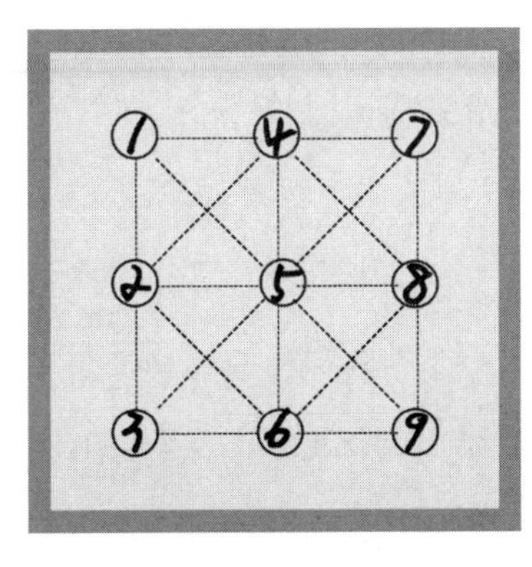

灵数图上的连线们

8 条主线：代表的是基本性格

1–2–3、4–5–6、7–8–9、1–4–7、2–5–8、3–6–9、1–5–9、3–5–7

4 条副线：代表的是人际关系

2–4、2–6、4–8、6–8

如果你具备某一条连线说明，你在这一方面具备优势和潜能。如果某条连线上面的圈数很多，说明这条连线对你的影响很大，是你的主要连线，受其影响也会有负面产生，如果连线的数字上圈数很少，说明你占据这条连线能量的一部分，恰到好处。

但还是那句话，人生没有百分百赢家，也没有天生失败者，每条连线都有正反两种意义。如果你发现自己的灵数图上居然没有一组连线，不管是主线还是副线，也别担心，亲爱的，这只能说明你清楚的知道并且坚持自己的目标和理想，你的冲劲和执着也会让很多人自愧不如。

拥有 2 条以上连线的人一般具备复合型的能力，比如能说又能唱，或者琴棋书画样样皆会，但是古人最常说的一句话就是“福兮祸之所倚”，所以能力多、能力广不见得是一件好事，反而容易让你分不清主次，什么都想要抓、到最后却发现自己什么都没抓住，到最后一事无成，处处碰壁，还有可能被人说成是“样样都会，样样都不精”，所以到哪里都有一种孤独感和无力感，仿佛找不到适合自己的前途、事业。

当然，如果你早早的就定下自己的目标，可以一心一意的向着自己的既定理想前进，集中所有的注意力在一段时间内只做这一件事，那么你完全可以充分发挥自己的天分，使这些多样性的才华全部为一个目标服务。

连线，也可以揭示更多隐藏在数字表面下的深层次联系。比如，你的灵数图中同时出现 1–2–3 和 3–6–9 连线，那么无论这个朋友的外表多么冷漠、克制、或者看起来一脸凶相什么的，其实内心都是非常感性的，敏感、容易被旁人或者环境打动、喜欢换位思维去体谅别人的难处，缺点就是……俗称的“办事不过脑子”，情绪上来不管不顾，非常容易被有心人利用去当了出头鸟，以后遇事一定要先冷静，等情绪平复下来再做判断也不迟。

相反的，如果你的灵数图中同时出现1-4-7和7-8-9连线，就说明无论你外表多么平易近人、温柔和善，内心里都是一个冷静自制，绝不轻易动摇自己原则的人，有原则是好事，可是如果事事都以自己的原则为第一考量，很难不给别人留下冷漠、自私的印象，为了不被人贴上“表里不一”的标签，还是充盈点人情味才好。

当然，这张灵数图虽然能说出你的大部分行事风格和逻辑，但是并不代表你未来的日子和选择，你完全不必为了它而黯自神伤，还是那句老话，知道哪里不足，那么就费工夫下力气改进，有则改之无则加勉总是不会出错的。

1-4-7主线：“双手营造安全感”线

1-4-7连线也叫物质线、务实线。拥有这条线的人格外的理智、擅用头脑，会把自己的生活和工作安排得井井有条、一丝不苟，会给人稳重踏实的感觉，几乎不会感情用事。当然，拥有这条线的人，也会格外的注重物质和金钱所带来的安全感，如果不能有一定的物质基础就会非常慌张，所以在合适的时间你会选择做最合适的事情：买房、买车、结婚、存款、升职，一步一步，都要靠自己的双手、按计划达成。所以你在偏安稳、规矩的岗位或事业上会很有发展。

但同时，这条线也会让你过于追求物质和地位，会迷恋这种安全感而过犹不及，可能会变得吝啬、刻板、不懂得享受生活，别让别人觉得你太小家子气，什么事情都看付出和回报成不成正比，过于算计得失，往往都是眼前小利，把格局和心胸放得高远一点、开阔一点。

这条线也代表运动天赋，你一定希望身体健康、热爱运动，不喜欢懒惰、散漫的生活状态，这种自控力、自制力会让你关注自己的身体，到中年也会保持好身材，如果不小心变成个大胖子你一定会不开心的。

2-5-8 主线："小心情绪"线

2-5-8 连线也叫感情线、直接线、情绪线。拥有 2-5-8 这条线的人，拥有强大的感知能力，会依靠自己敏锐的感受、听觉和心来感知周遭，所以你可以热情活泼，和新认识的人迅速交好，也可以完全对别人不理不睬，这其中完全取决于你的第一感觉，你对陌生人的态度完全看你的兴致。而更多时候，你会说话不经过大脑，简单、直率，就显得不够圆滑，不看场合，也不明白要给大家留面子。因为这种特质，所以你在表演、文学、戏剧等方面反而有很高的天赋。

需要注意的是，你对待越亲近的人，就会越乱发脾气，越不懂得控制，但其实你心里是非常难过的，同时你也会给自己增加很大的压力，思绪过多，对待另外一半你会真心实意的全情投入，完全毫无保留，直到自己受伤难过，也会因为自己的敏感和情绪化而让另外一半感到压抑，往往造成感情上的负累，最终无法承受。你需要学会跟自己和谐共处，放宽心，只有不跟自己较劲了，才能更好的享受生活不是么。

举个例子，比较典型的、受到这条线影响较大的，是郑爽，爽妹子生日是 1991 年 8 月 22 日，32/5 数人，她平时的耿直状态、对待感情的坦荡、不会调节自己的情绪以及在表演事业方面的灵动，都是受到这条线的影响。

3-6-9 主线："脑洞大开"线

3-6-9 连线也被称为创意线、灵修线、空想线。拥有这条线的你喜欢制造一个又一个梦想，你的脑海中有源源不断的灵感和故事，即便只有自己的时候，内心戏也是足足的。任何一件事情，只要给你一个触发点，你就会脑补出一幅幅画面和无尽的创意，你的脑洞大开起来也让别人感慨惊讶，这种天分是真的不会谁都有呢。所以，你可以是一个团队的创意担当、优秀的策划者，喜欢天马行空任思绪飘远，能从不同的角度思考问题，你很聪明、很会表达自己，能把想到的很准确的表达出来；你也可以是艺术家、音乐家、画家等等，做这种独立行事的工作；你也会对心理学、神秘学很有兴趣、具备这方面天分。

很多玩音乐的出色的唱作人，往往都拥有这条连线。比如生于 1979 年 1 月 18 日的周杰伦，周董本身的天赋数和灵数就是 36/9，这条线也成为他灵数图中的主线，所以他在创作上才有无穷无尽的灵感源泉，让他在乐坛经久不衰，他的绝活就是经常听到三个音符就能信手拈来一段曲子，而可爱的“小周周”海瑟薇，随便弹了几个音符周董就能为女儿创作了歌曲，浪漫甜蜜到骨子里了。

但要注意的是，千万不要忽视眼前的实际，眼高手低、只说不干，如果很喜欢就一个问题展开想象，张嘴就是“假如、假设”，想得太多太远，那纯粹自找麻烦。另外你需要克服的缺点，是你容易无法集中精力，很多时候，你有了很棒的 idea，可能大有前途，但往往会半途而废。比如，周董中间跑去尝试了电影、动画，但最后还是回归音乐。

学会坚持，学会专注！如果你能在一段时间之内只干一件事，那这件事你会做得比任何人都好，也会更容易接近成功。

1-2-3 主线：“文艺青年”线

1-2-3 连线也被称作文艺线、艺体线，它掌管着你在文艺方面、生活感知力、运动能力方面的潜质，拥有 1-2-3 连线的你，内心住着一个文艺青年，这种力量会带着你感受生活中一切快乐和美好的事物。你可能会偏向欣赏和鉴赏能力方面，也可能偏向实际行动方面，具体还要看其他数字连线的平衡。不论音乐、美术、文学、戏剧、摄影方面偏安静的，还是体育运动、舞蹈、演讲这样偏外向的……总有一款适合你，你会比别人多一些天份和理解能力，拥有这条连线，也会比别人更容易在这些方面取得成就。

所以有这条连线的人会和艺术、体育、演艺领域息息相关，如果你还没有发觉自己这方面的能力，可以去试试，即便无法专业从事这些方面也可以发展业余兴趣爱好，来自艺术生活的美会让你感到身心愉悦，如果你专注于某项运动或健身，你优秀的身体机能和协调能力都会让你很快找到成就感。

当然了，你的脾气也不是那么好的，个性很强，有些任性、不会控制脾气，因为完全不会隐藏自己的喜怒哀乐、不会妥协，上一秒还在笑，下一秒可能就不开心，别人看来就是喜怒无常、古怪倔强，而且你也会自命清高、有些神经质和情绪化，经受挫折的能力和抗压能力也比较差，这都是你要注意的。

4-5-6 主线："完美主义"线

4-5-6 连线也被称作组织线、知能线。有 4-5-6 连线的人往往在行事中逻辑性严谨、分寸把握得当、组织能力强，是个团队中可以信赖依靠的角色，在任何时候你都会条理清晰、用脑子办事，看待事情很理智、不会冲动行事，做事之前要有 PlanA、PlanB，把可能的情况考虑周全，然后有条不紊、尽在掌握，你喜欢遵守游戏规则、按秩序办事，当然也喜欢别人按照规则来、条理分明，不要给你制造麻烦。你是一个问题的解决者，也正因如此，你能给人安全感、信赖感。善于组织各种活动，不论和朋友聚会还是远行，交给你一定妥妥的，你也会在安排事情中获得成就感和满足感。

当然，4-5-6 连线让你对所有的事情都有一种完美的期待，只要经过你手里的事情一定不会虎头蛇尾，感情也希望善始善终，当然，这种要求和苛责不仅仅是对自己，也会去要求和影响身边的人。你看中细节、理性和逻辑，就显得死板不通人情、不懂幽默，特别挑剔和严格，有时候还过于纠缠琐碎的问题，让事情推进的缓慢而没有效率。所以，深呼吸，relax，生活要允许有一点点意外才惊喜，严于律己是好事儿，对别人稍稍宽容一点。

7-8-9 主线：“天生好命贵人”线

7-8-9 连线也被称作运气线、心灵线。如果同时有两个人去说服关键人物，那么其中一个成功了，可能就是有这条线，这其中有他的努力、也有他的幸运。首先，拥有这条线的你真是好让别人羡慕，因为在你人生中特别困难的时候，总是会出现一点点幸运让你逢凶化吉、柳暗花明，总能在关键时刻有人对你产生至关重要的影响，考学、就业、升职、项目……一切都能踩在点上，回头看看你都觉得自己的生命中有那么多幸运、那么多贵人，正因如此，你的生活不会太艰难。其次，这条线会让你头脑比别人灵活、对事情有较早的把握和前瞻性，有带动别人的气场。

当然了，有运气有贵人，也好，也不好，为什么会不好呢？因为生活缺少危机感和逼到绝境的感受，很多人的置之死地而后生完全依靠自己，会对成绩格外珍惜、对奋斗格外全情投入，而拥有这条线的人往往因为生活不会太糟糕，而缺乏抗挫折、抗压的能力。记住，千万不要依靠外力，运气不会跟随你一辈子，天上不会一直掉馅饼，投机取巧是不行的，走捷径也是不通的，要经常锤炼自己，只有自己能力强大了，才会吸引更多正能量。对了，如果接受了别人的帮助，要记得经常帮助别人，把这份快乐和福气传递下去，自私自利的人好运气和贵人都会躲着你的。

1-5-9 主线：“超级行动力”线

1-5-9 连线也被看作事业线、执着线、成效线、行动线等等。记得有一次看到微博有个人说，发现自己五行就缺行动力，其实说的就是没有这条线的能量。你兼具了事业心和行动力，说做就做、说走就走、风风火火，你不会让事情推进不下去，你反感别人光说不练、只说不做。当你遇到你喜欢的、想做的、感兴趣的事，那真的是全情投入、一往无前，你的适应力和协调能力也非常出色，在任何位置你都会迅速找到感觉、应对自如，你在工作中有很明确的目标、很强的执行力、很好的沟通和协调能力，会很容易成为明星员工或领导。

所以你要小心的事，不要变身为工作狂人哦。而且你会不时的冒出来，类似“我想做就做，不想做谁都别胁迫我”、“这事儿我一个人能行，根本不想跟别人废话”这些想法，一门心思往前冲而不顾周围，第一你会非常的累，最后肩上的重担太多喘不过气，第二你会因此忽略自己的健康、忽略家人朋友，所以你要学会放松，别太执念。

3-5-7 主线：“自带好人缘”线

这条连线也叫做人缘线、影响线、沟通线。别垂涎于别人拥有 7-8-9 连线了，拥有此线的人也是会让人羡慕的呢，因为你非常会展示自己的个人魅力，懂得与人相处、沟通之道，会让周围人觉得你非常可爱、有趣，喜欢跟你交往，因为你会把快乐和正能量传递给周围，所以自然好人缘。这种展示出自己可爱友善的一面，是聪明的体现，但并不是八面玲珑或者圆滑世故，而是一种高情商。

但是你也要注意，好人缘和招人烦其实往往只有一步之遥，所以不要因为大家都喜欢你而过于高调，觉得自己特别了不起或者谁离了你都不行，那就不好了。

2-4 连线：心思奇绝线

拥有这条线的你，一面聪明绝顶、一面工于心计，只在你的一念之间。所以这条让人又爱又恨的线，有人称为灵巧线、聪明线，也有人说是诡诈线。打牌你总会赢、考试似乎也不需要太费力、总能找到钻空子的方法……老麻雀、神算子，说的都是你哦。因为你机智、灵活、聪明，有很强大的洞察力，对周围洞若观火、会根据当前情况作出判断，又会举一反三。和你在一起工作会非常开心，因为好像什么事都难不倒你的样子。你很机灵、精明，随机应变能力强，所以有时候会陷入自己的小聪明当中，也会拿这种聪明来算计别人。

正因如此，你做事情容易缺乏耐心，别以为自己会干点小事就天下无敌了，千万不要忘了那句老话：聪明反被聪明误。不要投机取巧、不要自鸣得意，别给人留下精于算计的印象，更重要的是，不要用自己的聪明和洞察力去做坏事哦！

2-6 连线：万年好人线

你的非常具有同理心，擅长换位思考，跟你接触的人会感受到你无时无刻的细致周到和照顾，因为你能体察到每个人的需求和感受，还愿意出手帮助他们，而且你自己还特别怕给别人添麻烦。你爱好和平、与人为善，心里不喜欢争执、讨厌冲突，具有同情心，特别喜欢维护弱者，你的人缘会不错，基本和所有人都能合得来。

有人说这是和平线、正义线，也有人说是老好人线、没原则线。你就是太在乎周围人的一举一动了，会显得唯唯诺诺、缺乏主见。你知道吗？过于心慈手软反而并不是真的好心，该说的不说、该做的不做，一味害怕得罪人就是只会活稀泥的老好人，别人反而不领情，而且对于所有无理要求都不好意思拒绝，自己做了“东郭先生”都有苦说不出。更重要的是，如果周围人把你的退让当作软柿子或理所应当，那究竟应该怪谁呢？所以记住，坚持自己的原则，该出手时就出手，用你的勇气去维护世界和平吧！

4-8 连线：四平八稳线

也有人会把这条线称为稳定线、模范线。4 和 8 连接在一起，还真的是四平八稳的代名词，你希望一切都稳稳当当、遇事莫慌，你在工作中勤奋努力、有规划，是很有效率的人，也容易获得“靠谱”的赞誉，最容易出产劳动模范和优秀员工。你喜欢做事有条有理，按照既定好的计划和路线，不要出现什么幺蛾子；如果有变化会引起你极大的不安全感，所以你也不会为那些胡思乱想和不切实际的想法买单。但其实这样也少了创新的乐趣，意外也许会是个惊喜呢？

你会有些过于在乎金钱和成功，你深知，一分耕耘一分收获，对于别人的不劳而获你会非常鄙视。可是做事情如果太过于在乎结果，反而会忽略过程的风景，太过于用世俗的标杆衡量一切，也会少了享受生活、享受感情的机会，别太钻牛角尖了，对很多事情可以看的淡一点。

6-8 连线：忠义两全线

这条线，被称为诚恳线、诚实线。你善良正直、诚实可靠，不喜欢拐弯抹角，你周围的人都觉得你是个值得信赖的人，绝对不会出卖朋友，特别在意对待朋友的真诚、厚道和实在，背叛在你的字典里是绝对没有的，也是不允许的。甚至有时候旁边人都为你着急，吃了哑巴亏怎么不吱声啊！你会为了自己在意的人一直都是默默付出、委曲求全，甚至不惜牺牲自己成全对方，可是由于不轻易表达真实想法，所以往往会被忽视到底，也会因为别人的背叛而受很深的内伤，因为在你眼里，真诚待人是互相的，很多时候，你可能还会被误解。

你非常的爱面子，什么事儿都照单全收，也是因为太过于在乎别人的评价，生怕自己有不好的风评。不要所有的事情都自己扛着，各种不解释和压力大只会让事情更糟，当然，也不要常常抱怨自己如何如何付出，别人如何如何不知恩图报，正确的表达和取舍，会让你更加自在。

手札 月、日、年对人生阶段的影响

先天数，也就是生日数，由年月日组成，这组数字非常重要也会与你的生命历程息息相关，为什么有些孩子生下来就哇哇哭、时时刻刻需要妈妈抱着，而有些孩子自己能酣然入睡、乖巧好带，出生的婴儿有性格吗？当然有，就与这些数字的能量和影响力有着密不可分的关系。也会有人问，那么同年同月同日生的两个人，会一样吗？可以肯定的是，他们的确会有着别人没有的默契和相似之处。

我们发现，你的人生不同阶段，其实会受到年、月、日的数字影响，所以在看性格影响因素的时候，可以对应的注意一下自己的先天数。

灵数对应的不同阶段年龄范围表

灵数	第一阶段（月份数影响）	第二阶段（生日数影响）	第三阶段（年份数影响）
1	0~27岁	28~54岁	55岁后
2	0~26岁	27~53岁	54岁后
3	0~34岁	35~61岁	62岁后
4	0~33岁	34~60岁	61岁后
5	0~32岁	33~59岁	60岁后
6	0~31岁	32~58岁	59岁后
7	0~30岁	31~57岁	58岁后
8	0~29岁	30~56岁	57岁后
9	0~28岁	29~55岁	56岁后

这组数字的解读，不做详细赘述，只做一个参考。怎么看呢？举个例子你就懂了：

比如一个人的生日是1987年5月20日，他的生命灵数是5，那么对应表格来看，32岁以前他的性格会收到月份5的侧面影响，恰巧这个数字与灵数相同，32岁对他来

说，是一个很重要的转折点，这个转折点会让他重新思考生活、思考自己的过往，甚至往往会有突然成熟、长大、顿悟等等感觉，那么在33岁至59岁这个阶段，开始受到生日数字20的影响，2+0=2，所以也要参考一下灵数2的一些内容。而60岁之后，行为方式和喜好则偏向年代数字的影响，1+9+8+7=25，2+5=7，那么他的晚年会比较喜欢安静，可能会看看书、种种花，比较耐得住寂寞，不喜欢太热闹的生活。

这其中的解读其实和生活中的自然规律息息相关。

在孩童时期，受到月份的影响，其实也是季节的影响，我们会发现，春、夏、秋、冬四季的不同，给予了相应季节出生的宝宝一些不同的特质，而在四季分明的城市或国家，人的性格普遍会比较棱角分明、嬉笑怒骂比较外化，而四季如春的地方人们性格普遍温和柔软，可以参考我们国家南北方人的差异。

春天对应的月份数字是3、4、5，这个季节出生的孩子性格比较明朗、温和，笑容里带着几分纯真和温暖，3月孩子聪明灵动、活泼多话、好奇心强，恰如春天的一切，欣欣向荣、万物复苏，草地中的小花星星点点的开放，也如3数人的公主心一般；4月出生的人，在孩子时期就像个小大人一样知道做好自己的事情，因为4月的春天，树木花朵都要努力向下扎根、吸取养分，所以4月宝宝生来就知道要踏踏实实的，该吃饭时候吃饭、该睡觉时候睡觉；而到了5月，花开了、树绿了、蝴蝶蜜蜂都来了，所以5月生的宝宝童年时期就有个好人缘、爱交朋友、性格开朗，也和数字5相吻合，当然了，也会比较散漫或者有多动症。

夏天对应的月份数字为6、7、8，这个季节出生的孩子个性十分鲜明、多呈现为敢爱敢恨。6月生的宝宝生来就懂爱，也是最孝顺最听话的，就像初夏的温度和阳光，给人很舒服、很温暖又刚刚好的感觉；7月生的宝宝，在青少年时期可能会格外的聪明却自命不凡，十万个为什么一般但又有点冷漠，盛夏时节谁都想要一股清凉，所以7月生的宝宝自然不喜欢太燥热的状态；8月生的宝宝已经习惯了盛夏的炎热，开始提升自我，所以8月的孩子会特别在意自己的价值和别人的认可。

秋天对应的月份为数字 9、10、11，而 10 和 11 对应的数字是 1 和 2，所以 9 月生的孩子是内心十分富足、平和的，因为秋天丰收结果、一切安宁平和，而 10 月生的孩子便开始有了危机意识，他们表面上很乖、很听话，非常平易近人，但骨子里却很要强，非常有自己的独立想法；月份里比较难搞的就是 11 月，身为一个卓越数，纠结又偏执，少年时期既想要自己耀眼夺目、又有自卑孤僻迷茫的潜在特质，非常需要一个突破自我的过程，秋风萧瑟、万物寂寥，少年时期的思想进步和付出的努力，会直接影响 11 月份人青年后的成就。

冬季来临，对应的月份是 12、1、2，而 12 对应的数字是 3，所以 12 月份出生的人，少年时期着实精彩，身上三个数字的能量集于一体，就像身兼数家之长但还没有融会贯通的武侠少年，独立自我、多种天赋、表达欲都会在身上有体现；1 月生的孩子骨子里坚强独立，想当老大，要强、希望能证明自己，也会有同龄孩子没有的冷静；而 2 月份生的孩子年少时会很依赖家人，性格却非常古灵精怪，别人休想轻易改变他们的想法，十分任性。

我们发现，月份数影响年龄段不同，而那个截至的岁数，对每个人来说要尤其注意，那是一个十分重要的，可能会思想飞速成长、成熟的年岁，所以我们看出来，3 数人最晚熟，要到 34 岁，而 1 数人相对成熟的早些，这与灵数代表的性格特质也是吻合的，1 数人最独立，3 数人比较幼稚孩子气。

而生日数的算法，也是先拆分，再相加到个位。比如 18 日出生的人，生日数就是 9，25 日出生的人，生日数就是 7，然后去看看那些灵数的特质，做辅助参考就可以了。虽然生日，这个特殊的日子在我们的人生大格局中只占到很小一部分比例，但就是这一点的细微差别也可能造成种种命运的偏差，因为在一个人的生活中，青壮年绝对是占有相当重要的分量的，心智逐渐成熟、为事业奋斗、为家庭忙碌，这时候，最为突出的表征会偏向你的生日数。而这时候，相同灵数的人，如果生日数不同，那么对于很多事物的看法、价值观、处理问题的方式，可能就会开始出现完全不同的选择。

所以，在月份、生日数、年代数这三个先天数当中，影响力的大小排序应当为：生日数》月份数》年代数。

最后，说到年代数，其实非常好理解了，他们会对你的晚年生活有侧面影响。我们会发现，同一年出生的人，因为成长的大环境相同，几乎一起上小学、初中、高中，一起步入大学、进入社会，所以经历的事情大抵类似，也会格外有共同语言，在晚年时期也就自然会趋同。再往大了说，“XX 后”是我们经常拿出来一起谈论的，这就是数字和年代赋予的普遍集体意识，这样的一个大范围内的人，会体现出群体的类似性和相通性。

第三章　成就你的天赋数

一生之中的课题有很多，所谓“知己知彼、百战不殆”，“知己”就成了人生的第一课。可是我们常常发现，说别人的时候很容易，说自己的时候反而很难，经常在指责被人、开导别人时候头头是道，反观自身却选择逃避。最后，回头看看，原来自己最不了解的人就是自己。

不断的认识自己、了解自己是我们每个人都要一直探寻的。天赋数是关乎潜能的数字，它会告诉你你的潜力和天分所在，尤其会对你的后天开发产生关键影响。

我会常常听到这样的故事：小的时候我明明是个很听话的孩子，可是越大越不想被束缚、内心总有一种叛逆的力量想释放出来，开始跟父母吵架、开始不循规蹈矩、开始不听家里安排，这一切也会让亲近的人受伤，但其实我内心并不是故意的。

也有这样的：小的时候我很淘气，像有多动症一样时时刻刻精力充沛、调皮捣蛋、上蹿下跳，爹妈都头疼，可是突然有一天变安静了、变内敛了，家人开心的不行说终于“女大十八变”了。

还有很多类似的疑惑：我本以为我的志向是医生可某天我怀疑自己合不合适？我本以为我不适合社交但某天我开始想走出去？我现在改变还晚吗？我的选择正确吗？……

其实，并不是你变了、你不一样了，而是你内心的潜在力量和天赋开始发挥力量了，很多人的潜能并不是在童年时期就能完全释放出来的，而是在慢慢成年后，学会聆听内心的声音、开始懂得尊重心的选择，才会被发现。

天赋数，就是揭示你的潜在能量，是在你体内蓄势待发的力量，尤其是后天的学习发展的方向。能让你更好的看到自己的优势，如果你能够加以利用并想方设法补足灵数中的缺陷，那你的人生绝对就会晋升至“幸运级别”。只有认清自己的优缺点、正视性格中的长处和缺陷，一些潜在的绊脚石才会被你早有防范的踢开，遇到任何事情都会胸有成竹。

天赋数的算法

将出生年、月、日所有数字相加，计算至“最后”二位数。还记得第一章的公式吗？我们再看一遍：

ABCD 年 EF 月 GH 日

A+B+C+D+E+F+G+H=XY

X+Y=Z

Z 是你的灵数

XY 是你的天赋数

举例来说，1982 年 4 月 29 日出生的人，1+9+8+2+0+4+2+9=35；3+5=8。那么这个人的灵数是 8，3 和 5 就是他的天赋数。

另一个例子，如果最后相加的这两位数得出的结果仍然是个两位数怎么办？继续加。比如，一个人的生日是 1988 年 3 月 18 日，1+9+8+8+3+1+8=38；3+8=11；1+1=2。他的灵数是 2，他的天赋数就是 11，而 11 又称为卓越数，含义有些不同，下面会特别介绍。

目前，把年月日逐一拆分，能加出的最大数字，为 1999 年 9 月 29 日这天出生的人，1+9+9+9+9+2+9=48；4+8=12；1+2=3，那么这个人的灵数是 3，天赋数是 12。

这里要说明几点：

1. 在计算的过程中，可能会出现 23 和 32，虽然灵数都为 5，但是 23 和 32 一样吗？其实有细微差别，第一个数字更偏向于展示出来的外在能量，而第二个数字更偏重于内心的力量。比如天赋数为 23 的人会比天赋数为 32 的人更佳含蓄内敛，有点闷骚哦，而后者会更加爱表达、爱玩爱闹，内里却是个心细的人。

2. 当数字加出 10、20、30、40 的时候，会不会有什么不同呢？其实也是有微妙变化的，0 本身是加重了前面数字的能量，在性格中会表现出更突出、更鲜明的特质。如果非要用量化来表明的话，没有卓越数双倍能量那么强大，我姑且算作 1.5 倍吧。

【手札：什么是卓越数】

天赋数都是两位数，凡是两个数字相同的天赋数，称为“**卓越数**”(master numbers)，例如 11、22、33、44。卓越数之所以特别，是因为两个完全相同的数字组合在一起，事实上是具备了双倍的能量，其他的数字组合会起到一定牵制或互补作用，而这样完全一样的两个数字能量集于一身会展示出极端的表现，正能量加倍、负能量自然也就加倍。

想要把一种才华完全发挥出来已经不容易了，何况是双倍潜力的才能，但正因如此，一旦突破自己、战胜自己，也会比别人厉害很多！会有种在习武之路上，天赋异禀，又机缘巧合获得了一本武功秘籍，修炼不好便会走火入魔，但一旦打通任督二脉，就会进步神速、成为武林高手哦！

拥有卓越数的人，一生要面对的课题会比别人难度大，一边要克服双重人格的特点，一边要跟内心的另一个声音和谐共处、发挥出自己的潜能。所以，如果你恰巧拥有卓越数，你敢不敢接受挑战呢？如果不能战胜自己，这辈子都得消沉下去了。给你两条路，要么在沉寂中爆发、成就一番事业，要么碌碌无为、自我怀疑，叹息自己的一生。

你会发现，绝大部分天赋数都是2位数组成，2000年之后出生的宝宝才可能会直接得到一位数的天赋数。这就需要你有一种能够衡量两个数字特性的能力，每一组天赋数都代表一种倾向性的发展，你的目标旅程是缓是疾、是顺是绊，和这组数字都有很大关系，好好把握吧少年！

灵数为1的组合

10／1　出生于2000年以后的宝宝们，可能会直接加出天赋数为10的灵数1，比如2000年5月3日出生的宝宝。那么之前提到的所有与1数相关的特质、性格、潜能都适用，而且还会表现的非常非常明显哦！包括缺点。

19／1　魄力和善良兼具是你的优势，外表有点酷酷的你其实内心很柔软呢。但是爱面子、听不得批评、非常固执是你的死穴，你外表的高冷会让很多人不敢轻易接近，你觉得自己被孤立，害怕孤独却又死要面子，甚至会把自己的想法强加于人，学会如何将决断力和内心的执着与信念完美结合，并且以柔软的方式展示出来，而不是一意孤行的老顽固，是你要学会的。

28／1　进退有度、懂得藏拙、外柔内刚是你的特点。与大部分1数人的锋芒外露不同，你更会在适当的时候配合、倾听，你懂得使用温柔的力量，因为你的内心有着对成功的渴望、知道自己的所作所为目标在哪里。但是你要学会的是用敏感的双眼体察人心、用诚实的方式回馈他人，少一些揣测和不安，可以考虑开发自己在商业和领导力方面的天分。

37／1　聪明、头脑灵活，并且会在成长过程中独立思考和不断内省。你的表达能力和说服力很好，为人也开朗，同时又非常聪明，绝不是只会胡思乱想，你还会研究和思考。所以容易愤世嫉俗，你需要克服自己不信任别人的障碍，世界上不仅仅有孤独的追寻梦想，你也并非孤立无援，还可以找到别人的帮助与合作。

46／1　相对其他 1 数人的冲动和一意孤行，你多了稳重踏实、靠谱内敛，也愿意帮助别人、具备领导力。你需要有一定的物质基础来寻求安全感，也会过于在意别人的眼光，会在付出和回报之间纠结。所以你要善于自我调节，不要对人对事过于苛责，既然自己内心偏向务实派那就正视它。

灵数为 2 的组合

20／2　特别典型的 2 数人，一切 2 数特质在你身上都非常明确。超强的感受力、敏锐的洞察力、以及发自内心的审美力，都是你的天赋，可经常也会懦弱、过于委曲求全。要学做一个好的协调者、配合者、倾听者，发挥出你的优势，相反，不要随波逐流、不要贪图享乐、不要过于敏感、不要对一切充满悲观，你才会寻找到内心的安宁。

灵数 2 中卓越数 11 的组合

为什么单独拿出来讲 11 的组合呢？因为在卓越数当中又以 11 为特别，如果 1 象征着 1 个人的初始状态，那么两个 1 在一起，是不是格外的自我纠结和斗争呢？生来精神世界和灵魂就比别人丰富，感知力也会更强大，表面上看起来非常的果断独立，但在心里的某个角落，却一直住着一个截然相反的人格。心里对人生、对自己、对越是重大的事情越充满不确定，他们要学会打败一个懦弱的自己、一个隐藏的自己，而不是永远活在内心的挣扎和怀疑当中。

拥有11力量的你，不甘于平庸寂寞，心中总是谋划着一鸣惊人、做点大事的雄心壮志，但是你又被2数的优柔寡断和小心谨慎裹挟住，经常感到寸步难行。所以你特别需要一个突破自我的过程，将1的专注冲劲和2的敏感善察有机结合，学会控制你自己体内的冰与火，才能成就自己。

11／2　出生于2000年以后的宝宝们，可能会直接加出卓越数11，比如生日为2001年2月6日的宝宝。那么上面的一段话，就是写给你的了。生来就比别人多了天赋、也多了挣扎，从小到大都可能是备受关注的焦点、是朋友圈子的中心，可是要学会内心真正的强大。

29／11／2　你很愿意配合别人，也会愿意花时间照顾别人、对周围人体贴周到，但其实在你的心中，并不是充实安心，而是有比较重的自卑和自我怀疑，总是会对别人的言行格外在意，内心戏足而行动少，希望自己能独立骄傲的活着，却摆脱不了对身边人的依赖。如果你能克服优柔寡断、缺乏执行力的弱点，脚踏实地地迈出第一步并坚持，你的服务精神和善良会为你带来好人缘和贵人的，前提是，自己要努力、要真正独立。

38／11／2　不得不说，你的性格会让你的生活会有一点辛苦，这种辛苦来自于你自己本身的矛盾。你有着过人的头脑，乐观自信是你的表面，渴望实现自我价值、寻求认同是你的内在，这两者之间不太容易调和的地方在于如何衡量成功。不想受制于金钱却又不得不向现实低头，渴望成功又害怕挫败感，想任性又不能彻底洒脱，而自由和控制欲、天马行空和脚踏实地本身就是矛盾，所以真正要学会的，是认清自己的问题后学会找到释放的出口，知道人生无法两全其美，你才能成就自己。

47／11／2　理性，太理性了，你的性格中会具备理智、务实、一板一眼甚至害怕变动的部分，你擅长做规划、做分析，你希望一切尽在计划之中但是计划总赶不上变化快，纸上谈兵不如实战演练，一直在分析在思考而迟迟不动，你在害怕什么呢？

而且千万不要过于拘泥于精确的得失预测，那样会让别人觉得你很吝啬很计较，有时候冲动一点对你来说不是坏事，增加应变能力对你来说是成长必修课。生活中的方方面面，不可能每一件事都做足百分之一百二十的准备才开始对吗？

灵数为3的组合

30/3 “艺术家人格”，用才华横溢、恃才傲物来形容你再恰当不过，你特别急于表达自己、希望获得赞同和认可，内心永远有童真和公举心的一面，不喜欢过于世俗的纷扰。小的时候你可能很淘气、灵气十足，长大了会经历受到打击、灰心丧气，摄影、演艺、音乐、时尚、策划、设计等，充满创意和新鲜事物的刺激，永远闲不住又不受约束的工作会才让你兴致勃勃，你需要找到属于自己的领域、一个可以释放的舞台，当你找到了可以为之奋斗一生的兴趣或事业，你可以发挥出夺目耀眼的光芒。

12/3 骨子里有个潜藏的文艺青年，做事情特别依据自己的喜好，喜欢的就去做，不喜欢的谁也别逼你，喜欢简单纯粹的东西，你会与人为善、很好相处，内心敏感柔软，随心而选吧，做你真正喜欢的事，也可以与文艺、表达、创造这些有关，会让你更加舒心自在，不要强迫自己也不要随波逐流。

如果你的天赋数是39/12/3，那么你会更加的才华横溢、艺术感或创造力极佳，潜在的天赋是别人非常羡慕的，你会格外的孩子气，活在自己的世界中，有自己的评判标准和行为准则，但是你听不得批评、还有些固执，会影响你的发展。

如果你的天赋数是48/12/3，你的内心会对成功、物质有渴望，做事偏向有条有理、凡事喜欢心中有数，你具备优秀的领导力，不论是团队中的带头人还是部门的领导，你都会胜任，除了具备文艺素养之外，你更多了脚踏实地。但是要注意的是，实现真正的成功，就不要过于拘泥于细节和盘算，偶尔让自己的眉心展开一点，大气一点、视野宽一点，别计较眼前小利才会有更大的收获。

21/3 与12/3相比你的外在会更加柔弱、内敛，但如果说12/3偏向外刚内柔，其实你则是外柔内刚。你的配合能力和协调能力都不错，但是经常表面不好拒绝别人内心却非常不乐意，其实你可以把内心的真实想法表现，出来不用那么压抑和顺从，让你的独立自信的一面展露出来，然后在工作领域中展示自己的魅力和头脑，即便是配合者，也要是那个团队中必不可少的角色。

灵数为 4 的组合

4 或 40／4　目前，只有出生于 2000 年 1 月 1 日的宝宝才能直接加出为个位 4 的灵数，同时也就是天赋数，和天赋数为 40 的人一样，都是最最典型的 4 数人。有着强大的组织力、理性思考能力、执行力和对未来的规划，在生活中踏实稳定、目标明确，在工作中也会深受领导同事喜欢，在分析和交流的时候又可以完全的就事论事、不掺杂主观情绪。自己的一切要掌握在自己手里、自己的梦想要自己努力实现、发现问题立刻去找解决方式，这都是你的长处，你会在金融、政府、事业单位、行政等领域或岗位非常出色。但你的确会让自己很累，有点老古板？有点无聊？其实只是你的性格使然，生活多点有姿有色的创意和不同挺好，不妨开发一下自己闷骚的潜质？生活会更有情调。

22／4　灵数 4 中的卓越数组合，你具备相当强大的能量，但就是缺乏了一点点坚定信念和信心。具备卓越数的人都有远大的理想、期待自己能够成就一番事业，两个 2 在你身上使你具备强大的直觉力、敏锐的洞察力，从察言观色、诸多细节中，能捕捉到自己想要的信息，从而增强判断力。但是你又过于小心翼翼、想来想去、专注筹谋，经常一件事还没开始做呢，就瞻前顾后把自己纠结死，小心思太多了，容易给别人留下纸上谈兵、工于心计的印象。其实你需要的仅仅是相信自己的直觉，然后，说做就去放手做！累积经验和实战能力，失败了又何妨？走错一步又怎样？没有失败的积累你是永远无法一步登天的。

13／4　你的内心其实还挺活泛的，并不像表面那样冷静，你表面坚强向前冲，其实内心也有求关爱、少女心的时候，所以你的天赋创意和想法需要信心来激发，你也非常需要来自别人的肯定和鼓励，你需要克服自己内心的不安全感、让真正的自己释放，家人和朋友会是你坚实的依靠和支持者。

31／4　你的表达力和感染力，是你的天赋所在，你会把自己的想法以 120% 的效果表达出来传递给周围，这会让你比别人多了许多优势。和纯粹的 4 数人基本一致也有略微不同，虽然你希望稳定踏实的生活，但是内心也按耐不住对新奇有趣事物的向往，如何平衡生活需求和内心小火苗呢？你需要以物质家庭的安稳作为根基，在此之上培养自己的兴趣爱好和才华，两者兼顾其实并不矛盾，同时要注意做事的恒心和毅力。

灵数为 5 的组合

5　2000 年后出生的宝宝，才会出现天赋数即灵数的情况，这样的宝宝也更加单纯、纯粹，并没有好坏之分。例如出生于 2001 年 1 月 1 日的小孩，加起来数字就是 5。那么他就具备典型的 5 数人的特征，而且还会表现得更加淋漓尽致，总体来讲也会更加心思单纯、简单直接、特点明确，反而会更容易在自己喜欢和擅长的领域做出成绩。

14／5　你的内心可能并不像表面展示出的那么开朗外向，骨子里偏保守、偏悲观，该什么时候做什么事，但是你的问题在于不太积极主动，每次有了什么想法，就自己瞻前顾后、把自己否定，其实把你逼到份上你自然而然的就都能胜任了，你需要职业和家庭的稳定，来驱使你做些改变。

41／5　相比其他灵数 5 的人，你会给人留下更加稳重的印象，你的执行力、号召力都会让你在事业上一往无前，如果你能善用自己的特长：条理分明、个人魅力、有效沟通，那么你在事业中会很顺利，同时用你擅长的规划力，去克服你自己潜藏的散漫和拖沓，集中注意力，会顺利很多。

23／5　看起来更柔顺、骨子里更任性，跟不熟的人很安静，跟熟悉的人或者适当的场合，你便打开了话匣子，尽情展示自己。你的内心其实很固执，喜欢听好话、爱面子，并不喜欢别人对你的事情指手画脚，只是碍于面子不捅破罢了，所以你需要做的，是在你擅长喜欢的领域专注，而且要实际动手去做，不要说得多做得少。

32／5　你做事全凭兴趣和自己的喜好，喜欢的就会特别上心特别钻研，不喜欢的看都不看、谁说都不会听你需要通过文字、美术、音乐、摄影、表演、戏剧等方式来表达你自己，你非常注重情感的输出方式，你过得太过自由自在，过于任性随心，看起来靠谱其实特别不受约束，少了一些责任感。

灵数为 6 的组合

6　2000 年以后，会有直接出现单一 6 数的宝宝，比如出生于 2001 年 2 月 1 日的小孩，相加的灵数就是 6，同时也是天赋数。你无疑是个小天使，宁可委屈自己也不会对别人请求视若不见，所以会过的很心累，可以从事医疗、教育、服务行业，帮助别人你会由衷的快乐。

15／6　在所有的 6 数人组合里，与其他组合很不一样，这是格外有主见、格外独立自信的一种组合，你既不自私、又非常知道自己的责任边界在哪里，你既不会过于疏远人群、又不会和别人太过亲近，总是在一个安全范围内。当你的身边人出现了问题、寻求帮助时，你觉得自己就像个行侠仗义的英雄突然出现，果断出手助人一臂之力，但你也不喜欢别人因此赖上你，转身离开、深藏功与名就好了。

24／6　你很温柔，让人觉得和蔼可亲、值得信赖、不自觉地想接近你，你身边会经常不自觉地汇聚了很多向你倾诉的、需要你安慰的，没办法你就是有这样的吸引力，所以你好像也一直在为别人生活，唯独没有了自己，你觉得生活总要有个指望，比如孩子、家庭、父母，为了这些忙里忙外在所不惜，其实你最最需要的，恰恰就是为了自己活一次。

33／6　这是个卓越数的组合，你拥有非常强的创造力、审美力，这些都会淋漓尽致的展现在你的日常生活和工作中，你超级爱美食，自己的手艺也是相当不错，你是个不折不扣的生活家，喜欢各种能让自己、周围和生活变得更美好的事物，同样是过日子，你就能想方设法的让生活有滋有味，只有这样你才能真正的快乐。但是，嘻嘻哈哈、快乐天真的外表下，却藏着一颗偶尔沉重的心，因为你总是不自觉地往身上添加了太多的责任和压力，认为自己应该、必须做到怎样，而且你特别不愿意接受批评和反面建议，你只要明白，充分施展自己的才华、让自己快乐没烦恼就足够了。

42／6　靠谱，太靠谱了，把事情交给你就可以放一百个心了。生活中你是个务实稳妥、喜欢脚踏实地的人，而且非常重视情谊，又细心体贴会照顾人，所以跟你在一起的人都会感到阳光般的温暖，因此你也拥有非常好的人缘。需要注意的是，不要为了迎合别人而过于改变自己，朋友遍天下是好事，但是你的烦恼也都是从朋友那里来的，反而要劝你不要太在意被人的眼光、不要被道德绑架，适时地做自己。

灵数为 7 的组合

7　2000 年开始就会有宝宝的灵数和天赋数为同一个的了，比如出生于 2000 年 3 月 2 日的小孩，相加的总和是 7，灵数 7 的特点会在你身上尽数体现，冷静、清高、善于分析思考，可能会出学霸和研究学者，但是不太善于处理人情世故，会显得有点冷漠。

16／7　通常第一面见到你的人会觉得你有一点点疏离感，不好接近，而你的确也是内心自命不凡、对别人的高谈阔论通常情况很不屑，你很独立，也会伪装出坚强的样子，但是心里有一个致命的弱点，就是感情，对感情本着宁缺毋滥、小心谨慎的态度，你把自己所有的温暖和热情都会毫无保留的留给你挚爱的人，但是还要装出一副不太在意的样子，外冷内热说的就是你。

25／7　你是 7 数人当中很好接触又很会处理人际关系的一类了，你也会给别人留下很容易相处、跟任何人都合得来的印象，你可以坦然面对社交场合，但其实你脑子里比谁都清楚，什么人是萍水相逢的、什么人是有利用价值的，能真正走到你心里、和你成为朋友的人并不多。而且你内心的多思、谨慎和顾虑周全会让你比较不容易做决定，总是显得过于慎重和不紧不慢，往往就错过了很多机会。

34／7　你具备了良好的表达力、做事情的组织力、行动中的思考力，所以其实是很容易成功的一类人，你有着自己的理想和目标，也知道如何为了实现目的将自己的能力展示出百分之百甚至更多，而且你更喜欢报喜不报忧，暗地里默默付出行动。你的内心其实有着对失败的恐慌和对未知的不安全感，所以不管表现出什么样，骨子里是宁可稳扎稳打，错失机会，也不愿意冒险冲动的冷静沉稳型。

43／7　你更倾向于脚踏实地，谨慎思量过后的稳扎稳打，偶尔小偷懒一下、小放纵一下，也是在一个非常安全的范围内，而且多半是只有你自己的时候，你喜欢在人前留下稳重、聪慧、机敏的样子，不会容许自己犯愚蠢的错误，而只有独处的时候，你才会释放自己内心的幻想和天真，找一些让自己真正放松的小乐子。

灵数为 8 的组合

8　2000 年开始就会有宝宝的灵数和天赋数为一个了，比如出生于 2000 年 1 月 5 日的小孩，相加的总和是 8，灵数 8 的特点会在你身上体现的淋漓尽致，而 8 数也是容易出霸道总裁的数字呢。

17／8　你的头脑冷静、独立、执着，是非常具有成就一番事业潜质的，无论身处哪个行业，凭借你的领导力和缜密的思维，都能取得不错的成绩，你的问题可能在于自负、傲慢、不听劝，这会让你在奋斗的路上倍感孤单，也会偏执和疑心重，甚至会忽略家人和朋友的存在，更不要一不小心成为高智商犯罪分子。所以试着让自己温暖一些，天下并不只有你一个聪明人。

26／8　你非常在意做人的问心无愧、忠义两全，特别怕别人说你不厚道、不讲究，君子爱财取之有道是你坚持的，你也特别会换位思考、将心比心，所以你做人很温和、很实在，会交到很多朋友，但是你也会因为碍于情面而不会拒绝，给自己带来一些不必要的麻烦，付出和回报不成正比你会非常不开心，可不要做东郭先生。你是灵数 8 中野心最小的，生活富足安乐就好。

35／8　你有野心、有头脑也有行动力，不甘于寂寞平凡、一生碌碌无为，你的优势在于交际手段、沟通技巧和遇事的灵活应变能力，你不乏行动力，但是你最大的弱点也是拖延症和懒散，做事容易缺乏耐心，因为你的头脑灵活所以难免投机取巧，成功没有捷径，如果你能克服自己的问题，善用头脑和口才的同时，用勤奋和坚定来弥补，学会一件事从一而终、不要过于分散精力，就会取得成功。

44／8　卓越数中的最后一个，很少出现，你的头脑非常清楚，除了有野心还有一步步实现的能力，十分知道自己要什么，对于事业、金钱都有自己的规划，房子、车、存款、事业，这些是令你拥有安全感的保障，你非常有生意头脑、善于筹谋，在商业、金融领域会大有作为，但是注意不要因此疏远家庭和朋友，不是所有的事情都有万全之策，你要学会灵活应变的能力，而且不要因为目标太过宏大又打不到而让自己抑郁。

灵数为 9 的组合

9　2000 年后出生的宝宝，可能会有灵数 9 即天赋数的情况，比如 2002 年 1 月 4 日的小朋友。那么这样的宝宝会具备极其典型的 9 数特征。

18／9　数人大多与世无争、喜好和平自由，而你的内心却充满着对成功的渴望，结合了 1 数的领导力和影响力、8 数的商业头脑和掌控力，其实你很具备领袖气质，但是你也会在成功的路上迷失自己，所以要经常静下心来检讨自己，不要急功近利、丧失善良，也不要过分苛责不属于你的东西，学会付出也会收获快乐，做一个成功且对周遭有帮助的人吧，那才是真正的你。

27/9　你的审美能力极佳，而且有自己独到的眼光，同时你也是9数人中聪明、内省、直觉力很强的一类，理性和感性并存，表面上你会对人非常友善，但内心很清高、不会轻易相信别人，有点愤世嫉俗、有自己的一套理论，多多利用你的直觉和思考能力，做一个真正友善的人吧。

36/9　你当真是灵气十足、头脑灵活，在心理、宗教、哲学、写作方面又极有天份，内心向往与世无争、自由恬淡的生活，内心有一片属于自己的桃花源，就算不从事这方面的事业，平时拿来当兴趣、修身养性也是极好的。你的弱点可能就是太过于理想主义、太爱幻想，当3、6、9这三个具备理想化的灵性数字组在一起，让你容易活在自己的世界中，受不了打击、不喜欢世俗，容易懦弱和逃避。让自己勇敢起来，在用自己的学识和思考去帮助别人吧，会让你获得快乐，老师、咨询师都是不错的方向。

45/9　4数的务实缺乏安全感，和5数的想冒险、可望突破，构成了你表面和内心的矛盾，在按部就班、遵守规则和不受约束、自由自在之间徘徊，别人觉得对你琢磨不透、反复无常，而你自己也何尝不是经常纠结和矛盾，分不清自己究竟要的是什么。当性格中潜藏和矛盾的时候，要学会的就是调和，务实稳定不代表墨守陈规，而自由也不见得就要放荡不羁，把你行事的风格和内心的冲动好好结合，为了理想去奋斗吧！

第四章　遇见新的一年

生活总是高高低低、有起有落，不可能一直好运相伴、也不可能一直衰神笼罩。很多时候我们面临着许多疑惑：我该换工作吗？我今年会结婚吗？我为什么最近总是很折腾？……其实，你要关注的就是你这一年的流年运势了。

经常有人来问我：我今年是不是特别倒霉？我是不是现在在运气的低谷？每当这时候，我就想找到一个更合适的比喻来解释这种反复轮回。于是，我想到了四季，我们在经历一个又一个的春夏秋冬，有人喜欢初春的万物复苏，有人喜欢盛夏的热闹活力，有人喜欢深秋的丰收富足，可是冬天也有它的魅力，寒冷寂寥的表面下依旧藏着生机、孕育着希望。

所以，不必太过介怀运气的好坏，而是要学会在最恰当的时间、做最合适的事情，在春天播下希望而不是以逸待劳，在夏天挥洒汗水而不是投机取巧，在秋天才能尽情收获果实而不会碌碌无为，在冬天才能安心休整、沉淀思考而没有遗憾和悔恨。

在数字心理学当中以 9 年为一个周期，与东方的八字推算和西方的占星略有不同，数字流年的算法是一个循环往复、周而复始的规律过程，也是在宇宙磁场的物转星移中体现出的周期波动和共振过程，与我们的生命周期有着奇妙的呼应。

这 9 个数字，代表了每一个人身处当下年份中工作、情感、生活等方面所要面对的情况：变化、机遇、动荡、挑战……了解数字流年，可以结合自身实际情况提早为这一年作足准备、顺势而为，面对机会做出最恰当的选择，面对困难做好应对方案。

如果把人生比作一次终点未知的马拉松，那么这条路上你会遇到无数个岔路和选择，了解这一章的内容，你就掌握了读取路标和指示线索的技能，让你知道你即将面对的是什么，更好的勇往直前。

如何计算自己的流年数字？

公式：流年数字＝当年年份＋你的出生月＋你的出生日

依旧是，将年月日注意拆分，相加到最终的个位。

比如：1988 年 3 月 18 日出生的同学，想知道 2017 年的流年数字，那么要将 2017 年的年份，和同学的出生月 3、出生日 18，先拆分、后依次相加。具体算法是：2+0+1+7+3+1+8=22，继续拆分，2+2=4。

可以得出，这位同学的流年数字是 4，然后就要看看下面的解释咯。要知道，每一个流年数字都有它正面的、积极的意义，会带来金钱、桃花、机会等不同的好运，当然，好与坏永远是形影不离的两兄弟，所以每一年也会有困难、挑战和潜藏的风险。看过之后，我们要学习扬长避短，不以物喜、不以己悲，以坦然和积极的心态迎接新一年的到来。加油吧！

流年 1：机会与挑战并存的开端

表现

来到这一年，你会发现很多事情都有了颠覆性的变化：新的机会突然找上门来，一直平静的生活突然面临改变，计划了很久的事情开始实施，可能是辞掉安稳工作开始创业、可能是一个 idea 突然生发、可能是遭遇了新的恋情，甚至自己都在开始思考过往的人生：我到底想要的是什么？我的坚持对吗？我要做出改变吗？为什么我会不快乐？……一切变化和机遇都是前所未有，甚至让自己吓一跳。

这一年的关键词，就是万象更新、万事之始，是机会与挑战并存的开端。一切都是崭新的了，眼前这幅画卷如何描绘、未来一段时间何去何从，都在于你的决定和选择。

优势

这一年的运势会带来很多正面和积极的机遇，变动的范围包括新工作机会、新的项目、创业、升职加薪、搬家等等，但不局限于这些，一直在寻找另一半的人也可能遇到目标，你要结合自身的情况来分析。

面对崭新的一切和颠覆性的变化，千万不要害怕、不要胆怯、迎难而上，这一年你会获得很多勇气，满满的信心和能量是你的行事关键，是时候该拿出你的魄力和决心了，这是你改变以往行事作风、突破自我、开拓创新的大好机会。此时的你仿佛面对一片荒芜的土地，种下什么种子就会有什么样的收获，9年的开端、放手一搏吧！

你要注意

太多的想法和机会袭来，是不是有点懵？走好运的同时千万不要沾沾自喜、得意忘形哦，更不要急躁冲动、鲁莽行事。相信自己的判断，也要听取来自身边有意义的建议，切忌一意孤行、急于求成。毕竟万事开头难，就像盖一座房子，如果地基没有打好楼一定会歪，这片土地播种的种子有问题，自然不会有好收成。所以越是这个时候越要冷静，你要控制自己的脾气、戒骄戒躁，冷静行事，才能做出稳准狠的判断。

另外，如果你是一个优柔寡断、喜欢一成不变的人，也不要一边瞻前顾后、怨天尤人，一边什么都不做、什么改变都不敢，好机会摆在眼前让它白白错过了，就不要怪别人、不要怪运气差，只能怪自己的胆小，既然你要当一个墨守成规的老顽固那也谈不上起点和挑战了对吗？

对了，今年别顾着一直往前冲而透支身体，控制急躁和脾气是为了保护你的心脏，多喝去火降噪的茶饮，肝火不要太旺哦！

撒下一粒种子，就是撒下希望，种什么呢？要想好

流年 2：未雨绸缪、稍安勿躁

表现

为什么我努力了很多但总是反反复复没有成效？为什么总是一件接着一件的烦心事找上我？为什么很多事情都推进不下去感到好心累？……很多人会抱怨这一年的折腾和心累，会开始怀疑这样有没有结果，会开始纠结这样的选择对不对，就算前一年有雄心万丈、势在必得，也开始变成矛盾和自省、纠结和彷徨。一切表面波澜不惊但实则暗潮汹涌，其实做了好多努力、费了很大心力但还是没有进展。这感觉，有点像鸭子划水，你看到了它在湖面只前进了一点点，其实水下它的脚在不停的扑腾；也有点像在开荒，种子已经种下去了，翻地、松土、除草，一直忙活也不见发芽。

这一年的关键词，就是开荒与等待，蛰伏与准备，我会告诉你，要稍安勿躁、未

雨绸缪，等待你的厚积薄发。

优势

其实这反而是让你准备充足、大展拳脚的好时机，虽然一切看似没有进展、看似困难重重，但改变会在积累中悄悄进行，没有任何事情可以一帆风顺，毕竟，有了量的积累才能引发质的改变。

这一年对你来说，可以以不变应万变，让努力、筹划、准备都低调的进行，默默做好翻地和松土的工作，一点点摆平拦在你路上的困难和障碍。同时你要学会耐下心来，培养和磨练自己的耐性，审时度势、静静观察，尽可能多的掌握周围的信息，尽可能多的积累资源和人脉，把自己调整到一个最佳的状态。这一年的幸运会来自于周围，适合找到合作伙伴、在协作中推动事情，适合倾听意见、增加人际沟通、广结人脉，一点一滴的进步看似不起眼，但是回过头来你会发现，你已经拥有了关键时刻改变局势的力量。如果有男女朋友的话今年也很适合扯证结婚，把一些精力分给自己的家庭和情感。

你要注意

积累资源或铲平困难的途中，一定会有节外生枝的现象，危机也会暗藏其中。所以千万不要被迫接受自己不想做的事情，也不要轻信别人随口一说的合作机会，也不要被接踵而至的困难和复杂的人际关系压倒。坚定信念、明确目标、相信自己，不要纠结、不要怯弱、不要自己把自己打败，而且防人之心不可无、小心被骗。最重要的，学会以柔克刚、以静制动。

要注意情绪不好引起的小毛病，注意自己的肠胃和休息，可能会胃痛或失眠，放宽心好吗？今年，你的困难说是来自于周围，其实是源自内心，让内心变强大吧！

要开始辛勤翻地除草，耐心等待它的破土而出

流年 3：小有成绩、戒骄戒躁

表现

如果说 9 年一个周期，那么当中每三年又是一个小单元。进入这一年，你终于看见之前的奋斗有了一点眉目，小有一点成绩，但是从长远来说，这颗参天大树也仅仅是发了芽。这一年你的创意和点子开始增多，不会再费心于徒劳无功的事情、不再对周围环境一片陌生，而是有更多时间和精力开始做自己想做的事、实现自己的想法。同时，感到上一年的积累这一年开始显现，资源、人脉、能量在慢慢向你靠拢，让你感到欣喜，而上一年在人际关系、事业或项目中的不足、埋下的炸弹，这一年也爆发了出来，就像体内憋了很久的毒素终于爆发出来，你要想方设法拔掉它。

所以这一年的关键词，是萌芽、是忙碌，面对已有的微小进展和成绩，戒骄戒躁、稳扎稳打，因为还不是终点。

优势

这一年即便有点忙碌，你也会精力旺盛、点子创意层出不穷，毕竟开始一切都向好的方向发展了。你会增加很多表达的机会，因为人脉广了、资源多了、事情多了，工作上不论内部还是外部你都多了许多要表达的地方，这包括展示自己、表达自己的想法，也包括传递自己的观点理念、为自己争取、社交频繁等等，而你的心境也会转向简单的快乐。

你的脑子会格外灵活，灵感和灵气聚集，感情一直没起色也别着急，可能会有一见钟情或意外的缘分出现。在这一年里，你要始终明白自己要什么，目的是什么，切忌被一切琐事和旁逸斜出的枝桠分散了注意力、盲目失去方向，如果不知道该怎么办了，试试相信自己的直觉。

你要注意

俗话说，口舌易生是非，因为你表达的地方多了也容易祸从口出，所以千万不要太冲动、太任性，越是这个时候越要“脑子在嘴前面”，凡事思考后再表达。而且，这一年你的钱包可要遭罪了，多了很多花钱的地方，收支可能不太平衡，再加上你这一年忙碌中生活难免粗心大意、丢三落四，也是破财的地方。

在第一个三年的小周期尾巴，前两年的成果显现，俗话说“种瓜得瓜、种豆得豆”，第一年埋下的种子、做出的选择，第二年作出的努力、付出的劳动，第三年都有了雏形，这其中当然有好有坏。得罪的人、偷的懒、作出的错误判断，可能会让你承担一些后果，但是就像体内的毒素，排除的过程是有点痛苦，但是为了不让他越积越大、影响更远，在这一年还是狠狠心解决吧，当断则断、该承担就别逃避。另外注意不要太纵欲，大吃大喝、熬夜、耍小脾气……会带来健康方面的负面影响。

种下的种子终于开始萌芽，小心呵护哦！

流年 4：打好根基、静静等待

表现

这一年，你要和钱打交道了：一直考虑何时结婚的、在纠结买不买房的、在车展上流连忘返的、不知道什么时候要宝宝的……都可以开始了，先修身齐家，把大后方安顿好，才能安心的继续往前冲啊，而今年就特别适合你回归家庭、成家立业。如果没有这方面打算的，那么这一年你要好好理一理自己的财务状况了，积累积蓄、做个人或家庭的理财规划、为生活制定目标，都是非常合适的，即便你是个月光族，也从这一年开始认清自己的财务情况吧！

这一年的关键词，是扎根与等待，踏实稳重、按部就班，萌发的小芽在努力向下寻找泥土、汲取养分，适合你夯实基础、营造物质保障。

优势

这一年注定与金钱、规划绕不开了，即便你从来都是个随心洒脱的人也会不自觉的关注到这些事情来。你可能会有很多花钱的地方，买房、买车、结婚、生孩子、打点关系、为父母安置、为孩子储备教育资金……这些都是为了更有安全感，你的心会更关注到家庭和生活。如果没有这些，你也会开始给自己存钱，就算不懂理财也适合买一点稳妥的基金，会有保值和赚钱的好运气。

这一年你会觉得安稳踏实许多，不会有特别大的风波和折腾，你也会开始在意做事情的规划，近期的、长远的，那么就好好做好这些，为下一步做好打算。这是9年周期中承上启下、扎根的一年，所以如果这一年你特别想换工作、想创业、想折腾，我可能会劝你时机未到、再等等，保持目前的状态、在岗位上再坚持一段时间，尽量避免大幅度的调动，如果不得不换工作一定要找好完全稳妥的下家，不要任性裸辞，踏实一点、稍稍按部就班，在这一年是对你有好处的。

你要注意

你可能会突然缺少安全感，这种安全感表现为突如其来的、莫名其妙的恐慌和迷茫，担忧职业选择、担忧坚持的事情、担忧家庭问题、担忧该不该突破自己……而归根到底，这些不安全感，来自于金钱的压力，正因为你正视了自己的财务状况、开始为将来的更远作打算，才会出现这些惴惴不安。如果把钱花在了物质构建上，房、车、孩子教育、父母赡养、投资……那就不要恐慌，因为这些都是为了让你有更好的将来而做的必须付出，只有做好这些才能没有后顾之忧，才能为了接下来的冲刺而放手，出现短暂的财务赤字也是理所当然。

所以要正视自己、做好规划，不妨把自己或家庭，当作一个项目、一个公司，好好经营一番，如果你想在安稳中寻求突破，不要操之过急，不妨边走边看，静静等待最合适的时机。同时要注意你的精神健康，不要焦虑、不要过分强迫自己和别人。

这一年可能没有变化，你需要为了更好的生活努力构建

流年 5：充满变数、随遇而安

表现

计划赶不上变化快，说的就是这一年。平静过后的动荡和变化接踵而至，生活就是这样的起起落落，但是这一年不同的是，面对一切变化，不论好坏你都仿佛做好了心理准备一样，可以放手一搏了！经历了上一年的沉寂和等待，你内心的洪荒之力也不要再压抑了，所有的想法都开始行动吧！就算你不动，周围的一切都开始推着你往前走。

你会有种感觉，周围的一切开始变得热闹起来，熙熙攘攘，不论是工作、人际，还是自己的想法。认识的新人新朋友也多了起来，自己也更加外向。数字 5 的影响下，给你带来了勇气、资源、变化，也会让你不再想墨守陈规，偶尔犯懒，实则是不想按章行事，特别怕被规矩约束，内心开始对朝九晚五或平庸的生活厌烦。**这一年充满变数，有意外、有突破，好坏并存、喜忧参半，与其被动不如积极应对，不要一味的向前冲，而是有目的的冒险，顺势而为，也随遇而安。**

优势

这是9年循环中很重要的一年，承上启下、充满可能。如果之前有怀疑、想改变，那么不妨借着这一年的运势重新开始。

这一年你迎来了转机，不论物质还是精神，不论资源还是环境。此时，你可以摆脱很多不安和怯懦，勇气又重新回来。你的好运和机会可能来自于周围，所以不要固步自封或者把自己闷在办公室里，出去走走、增进人际交流，交流、沟通、社交活动多了，你的贵人就在其中，只有走出去、敞开心扉、释放你的魅力，才会盘活你之前的所有积累，会让你有更开阔的眼界和圈子，会让你有更多灵感。今年也是你出行的好年份，心里总是跃跃欲试，有冲动说走就走，不论休假、游学、还是暂别熟悉的地方，都会让你感到新鲜，换一种生活吧，会对你有致命吸引力。改变，就是从这一年开始的。当然，如果还在单身的各位，桃花运也会潜藏其中，所以当遇上对的那个人，要抓牢哦。

你要注意

动荡和变化来袭，也会带来很多烦扰：分手、离职、离婚、提议被否、裁员、降位、背锅……都可能是潜在的负面因素。经常你会觉得有点手忙脚乱、应接不暇。另外自己的想法也开始活泛起来，靠谱的不靠谱的计划统统涌上脑海，别人不折腾自己也开始琢磨瞎折腾，啊，真的是忙乱的一年。你会感到力量满满，但也会精力不够，没有什么时间停下来思考休息，事情一个接着一个应接不暇，这一年就是这样，不要害怕，不要胆怯，做好心理准备、千万别崩溃。

大量的新人新事涌入，势必带来好与坏两方面，所以你要擦亮眼睛、分辨是非，别被忽悠。如果耳根子软、自制力比较差的人，很多事情别想当然，凡事不要听信片面之词，从多方面考证、多听听不同的声音，有助于你明辨是非。而且注意一下自己的财物问题，财运不错，但是你花钱的机会也会多，尤其在社交过程中，小的支出会增加，积累起来就是很大的数目。很多时候是不知不觉、怎么花的都不知道，到了月底惊叹：哎呀，钱包你怎么这么瘦了！最后，这一年你出门在外的机会增多、在人多的场合也会增多，千万注意防被偷，手机、钱包、证件，都需要你格外关注哦！一不留神他们就跟你说拜拜了。

一切正走向正轨，花开清风自然来，社交和朋友也多了起来

流年6：善于奉献、平稳生活

表现

进入到6数年份了，这一年的关键词，是疗愈、是奉献，你需要开始审视周围、多一些付出、静下心来，付出和奉献不等于盲目，而是目标清楚的担负责任，同时合理舍弃包袱。发现了么？忙碌与休整、前进与后退总是一前一后的出现，也让我们的生活张弛有度、有合理的节奏。

这一年，你开始享受现在生活给你的一切，心态变得愈发随和，开始懂得惜福、懂得拥有，这是好的现象。同时也将注意力更多的投向家里和最亲近的人，爱情开花结果、夫妻关系增进，最重要的是，如果正准备要宝宝，这一年是好时候。平稳的生活让你感到幸福充实，家和万事兴，也会给你的事业带去幸福感和动力。

优势

过去5年的奋斗开始有一些小的收获，事业初见曙光，同时你又对未来充满希望。这一年人缘运极佳，你平和的心态和乐于付出，会让你收获好人缘，而且多年的老友也会重新联系、拾起昔日的情谊，有矛盾和别扭的人事也可以顺利化解。吃亏是福，凡事多忍让、多换位思考，会给你带来意想不到的收获。你受欢迎的同时，也会发现很多人来跟自己吐槽家长里短和内心苦闷，倾听，也会让你收获良多。同时不妨多看看书，也会让你收获启示。

俗话说，吃亏是福。如果你在之前的阶段向前冲刺的太猛了，如果你经常咄咄逼人或者据理力争，也会开始审视自己，是不是应该更柔和一些？多一点奉献精神、服务精神，这一年没有那么多的风浪，让心态归于平静吧，偶尔退居幕后，在感情中也不必力争长短，为周围的人默默做一些发自内心的事情，让他们高兴高兴。借着这一年的人缘运，好好享受家人、朋友、伙伴带来的力量吧，怀着感恩的心，才能更好的生活。

你要注意

我可不是教你做老好人，也不是无条件的忍让付出，这会徒增你心中的抱怨和不满。在工作中、在与朋友的相处中，并不是一切都可以被当作理所当然，所以以和为贵的这一年，也别让别人把你当作没脾气的软柿子。

当然，不好的一面就是也会有悉悉索索令人恼火的麻烦找上门，这些麻烦说大不大、说小不小，所以才叫令人恼火，理会呢不值得、不理呢又不行，所以切记，你也不要拖沓！把有限的精力放在更有价值的事情上，不要为了不值得的分心劳神，分清主次和重点，是你今年的关键。

想结出甜美的果实，要再加把劲儿哦

流年 7：重整旗鼓、梳理生活

表现

“行百里而半九十”，做事愈接近成功愈困难，愈要认真对待，往往这时候就会冒出放弃的想法，眼看就要进入收获了哦，再加点油！别这时候功亏一篑啊！**这一年你的关键词，是重整旗鼓、梳理生活、思考学习，为收获和冲刺充电。**

对工作、对感情，你也会比较在意一种两不相欠的状态，重新梳理自己的身边事，开始关注到内心潜藏的声音，不喜欢有内疚感、不喜欢欠谁的，更不喜欢一直付出而没有结果，小到开始不喜欢用信用卡、清理债务关系，大到审视身边的亲密关系，在这种审视、发问的过程中，你突然惊讶，“我怎么变成一个哲学家了？”其实这一年受到数字 7 的影响，你就是自觉或不自觉地开始爱思考，喜欢自己一个人静静，喜欢做一些能让内心平静的事情。遇到事情开始去琢磨事件背后的更多，开始反思问题的产生，不明白的就会去研究、去学习，这一切都是好的现象。本身这一年，还会有断断续续的一些小惊喜、小幸运，会让你感受到生活中乐趣无处不在。

优势

这一年你可能会显得有一点孤僻、不合群，因为你对每日的喧嚣吵闹、社交周旋感到厌倦和疲惫，激烈的职场斗争和复杂的人际关系更让你只想逃离。你觉得一个人静静的待着也是一种放松和享受，兴趣爱好会转向看书、手工、插花、品茶这些相对安静、能找回内心平静的事情，生活开始变的规律、注意到身体健康出现的警报，就算曾经喜欢夜夜泡吧也突然想换一种生活。“偷得浮生半日闲”未尝不是一种幸福。

整装待发、从心开始，说的就是这种感觉，外在的改变不能持久，只有发自内心的力量才能让自己不断接近更好，内省和思考，会让你这一年拥有气质上的不同、找到一种对待困境的从容。那么不要逃避、正视这股力量吧。

另外，如果发现了自己的不足，这也是主动学习、充电的好机会，你会接触到方方面面的新知识，让你感到新奇，思考、学习与反思会带来意想不到的好运，比如一直在科研教学等领域苦苦没有进展的人们，这一年会有突飞猛进，报告、论文、文章写起来也会顺手许多，而很多事情的顺利解决正是缘于站得高了、看得远了。

你要注意

这一年你的财运可能会差一点点哦，所以不要过分的专注于物质上的得失，如果工作中涉及成交量和签单量可能会持平或下滑，看开点，财神爷不可能永远高照在你的头上对不对？不妨把精力和注意力转移一下，既然有学习的冲动，那为什么不抓紧给自己充充电呢？

而你的冷静，会让你显得有点不近人情，思考的反面会带来疑神疑鬼、不信任，这样可能会反而伤到最亲近的人，在感情上也不要过分苛责别人，不要觉得自己站在了道德制高点、成了圣人，对别人的微小错误也不能包容，若真是原则性问题倒还好说，可千万不要矫枉过正、抓住生活琐事不放，爱情、婚姻就是鸡毛蒜皮组成的，哪有那么多条条框框呢？而不论工作还是生活，钻牛角尖是你这一年可能会遇到的最大问题，要学会自我调整。

没心没肺的人睡眠质量都高，偏偏这一年你无法做到没心没肺了，想事情多了，小心失眠、脾胃不和、脸色蜡黄哦。

马上就要收获了，抓紧时间充实自己，书到用时方恨少呢

流年8：开花结果、无限可能

表现

终于，你能看到收获了！但还是那句话，种瓜得瓜、种豆得豆，如果你在前两年一直努力、打下好的根基，那么这一年你可以安心的收获满满了。你会发现一切事情突然有了好的转机和回报，一直努力的项目、一直坚持的工作都有了收获，升职、加薪、奖金，可能少不了哦！一直做的投资在这一年也可以看见成效了，一直专注的领域也会收获名气，人缘和朋友会增多、商务往来频繁和签单成交量上升、钻研的技艺愈发精湛、相恋多年的情侣可以走进婚姻殿堂……

运气好的时候还真是停不下来呢，尤其是财运，快抓紧时间把该属于你的收成统统装进兜里吧！你发现这一年似乎很顺利，因为有了成绩的肯定和鼓励，你的信心也会大增，能量双倍、前方光明。如果之前你并没有努力，而是荒废了时光，那么这一年你会觉得身边有很多好机会而总是差了一点点，会有遗憾和懊悔，那么你需要做的就剩下反思和等待。前些年的忙碌奔波，无论好坏，都会以非常明朗和双倍效果的姿态呈现给你。

这一年，你会看到开花结果，也会拥有强大的能量和无限可能，在享受快乐和收获的同时，也要莫忘初心。

优势

这是运气很旺的一年，你自身的气场增强、能力变大，而带来事情的转机和推动力。这种感觉也像“吸引力法则”，因为你一直坚持、一直所想，终于将资源吸引过来围绕在身边，天时、地利、人和，除了运气，也和你的自身努力息息相关。

关于流年的任何建议，都要结合自己的实际情况分析，也许会有完全相反的结果，比如：如果你想跳槽和创业，就要一分为二的看。如果跳槽和创业也是上一年积累和一直努力的结果，那么你可以毫不犹豫的走向人生更高峰，你的勇气和能量会让你在全新的地方披襟斩棘、立刻站稳；如果仅仅是形势所迫或没有思考清楚之下的仓促决定，那么我会劝你再想想，要在现有位置和状态把自己该拿的都拿到。再比如：有人来问我这一年财运这么好要不要投资，我可能会说如果是之前做的投资可以有收获了，也可以做适当追加，但如果因为贪心做新的大规模投资，就不要了。正因为财运不错，才要低调。

你要注意

好运带来贪念和自负，要知道，财并不是意外而来、凭空出现，而这些会给你造成一些错觉，切忌贪婪自私、刚愎自用，更不要急于求成，不要做杀鸡取卵、损人利己的事情。

莫忘初心、方得始终，不论摆在你面前的诱惑是什么，记住原本的自己。要诚实坦荡、问心无愧，要坚韧执着、低调内敛，要听从建议、分析时弊……越是在成功时候，越要谨慎，越在得意的时候，越要谦卑。千万不要一时得意而忘形，稍不留神而功亏一篑，因为自负而出现盲目、错误的判断，更有可能突然间一无所有或一落千丈，那时候你就不能怪环境、怪运气、怪别人，其实到头来，还是要怪你自己。

这一年因为你的交际应酬增多，会出现肠胃不适、经常上火，注意经常疏通淋巴、去火降燥，也要注意突如其来的意外和疾病把自己击倒。

尽情享受你的努力成果吧，把果子一个个收好

流年 9：反省沉淀、去旧迎新

表现

一直在忙忙碌碌、一直在奔波劳苦，终于可以休息一下了。这一年一切归于平静，项目开始收尾、工作没有太多变化和进展，感情格外平静、单身的也不会有桃花

出现，很多没有收尾的事情也开始拖沓、看不到结果，你甚至会觉得这一年过的有一点点无聊，迷茫也随之产生。

每一年都要经历春夏秋冬，冬天并不意味着寒冷和萧条，反而大地之下孕育着生机，你一直努力耕耘着自己的田地，现在屋外的田地可能已经归于沉静，你的内心难免迷茫和空虚，可是屋里却暖暖和和、热热闹闹，所以不要失落，之前的奋斗，不论好的、坏的，都已经化为仓库里储存的积蓄，是时候，该好好回顾往昔、思考生活了。

过往的一切仿佛老电影般一幕幕在脑海回放，反省沉淀、去旧迎新、休养生息，对你来说未尝不是一件好事，挥别错的、收起对的，想清楚自己接下来的路怎么走，准备重整旗鼓再出发，是这一年的关键所在。

优势

所有的波折苦难都渐渐远去，终于可以喘口气，即便是一场人生的马拉松也不能一直向前冲对不对，把这一年当作一个补给站、一个落脚处吧，充分的休息是你当下需要做的，那就全身心的去享受。好久没有给自己休个年假、没有来一场旅行了？好久没有和家人好好待在一起了？这一年都可以实现。

没有进展、没有变化，那是表象。你要做的抉择很多：让你不愉快不喜欢的事情，该割舍要割舍、该放弃就放弃；让你烦闷不安、觉得鸡肋的事情，也没有必要一直舍不得放不下；也许有一段感情让你心累许久，那么放手可能也是一种解脱……背在身上的担子和包袱太重了，你该丢掉一些轻装上阵，身上的伤痛太多了，你该咬咬牙医治好而不是视而不见。也许会有辞职、失恋、分别这些令人难过的事情，可就算你自己狠不下心，也仿佛有一股力量推着往前走，感到身不由己？那就不妨主动一些。

明白了吗？既然这一年，这么适合你反思过往、沉淀自己，那么就好好利用起来。提升自己的内心力量，变得更加强大吧！

你要注意

如果你着急有新的决策，比如创业、投资，我可能会劝你稍安毋躁、千万三思而后行，可能再等到 1 数年份时候会更加交好运、天时地利人和，这时候容易出现判断失误的情况。

迷茫、不知所措、没有方向感也是正常，千万别因此而自我怀疑、灰心丧气，种瓜得瓜、种豆得豆。之前所做的事情当然不可能百分之百完美，所以有人收获满满、自然就有人没有那么富足，请把挫败感化为前进的动力吧！还好，你还有机会，还好，新一个周期轮回又要开始了！与其在懊悔中惶惶度日，不如反省过后打起精神，亡羊补牢为时未晚。这就是我说的，即便窗外已是寒冬，白雪皑皑之下依旧孕育着希望。

另外，这一年你需要格外注意自己的健康，心理压力、亚健康、小毛病统统找了上来，还会有不愿意痊愈的慢性病经常困扰你，小到慢性鼻炎、咽炎，大到腰椎、肩颈、心脏的问题，不能忽视。

休养生息、思考人生，偶尔停下来是为了更好的开始

实战篇
如何更好地与人相处

第五章　爱情中的你我他

一个人的性格，可能是会骗人的。

从小到大，由于我们受到家庭环境、教育和不同经历的影响，性格也会有不同程度的改变。说起这种改变，可能有一个更准确的说法——隐藏。随着年岁的增长，我们都像变色龙一样，慢慢地给自己伪装了保护色，让自己去适应这个社会的生存守则；我们像溪流下游的鹅卵石，把性格的棱角磨平、左右逢源，让自己变得乖巧懂事、学着如何与人为善。甚至有时候变得连自己都觉得陌生——我还是我吗？

但是，面对最亲近的爱人，我们却无法掩盖真实的自己。就算刚刚谈恋爱时候，我们都极力的把完美的一面呈现给对方，也会在柴米油盐的打磨中慢慢卸下防备，暴露出自己本来的面貌。因为这段关系让我们安心，让我们觉得可以释放真实的自我，爱情本来就让人失去理智，况且是一个要日复一日面对的人，伪装如何能够长久？

经常会有恋爱中的女孩儿产生这样的困惑：为什么他变了？为什么他没有追我时候那么温柔体贴了？为什么他不再对我那么用心了？他是不是不爱我了？……也许你换个角度想，他不是不爱你了，只是把自己最放松的一面拿出来了，他是开始把你当作最亲近的人了。

同样地，你的爱人也会有这样的苦恼啊：她为什么没有以前善解人意了？她为什么经常和我因为鸡毛蒜皮的事情吵架？她以前没有这么公主病啊？她怎么越来越邋遢了？……其实，不是你的她变坏了，而是她觉得在你面前可以百分之百放松了，这只是她本来的样子。

就这样，我们敏锐地发现了对方的改变，却对自己的变化后知后觉。殊不知，矛盾的产生一定是双方造成的，影响和伤害也必然是留给两个人的。

所以恋爱或婚姻，经过了“互相试探—深入了解—热恋”的过程之后，都会进入到一个磨合期，在这个磨合期当中必然会因为双方的懈怠而开始产生矛盾，这时候，也往往是分手的第一次高发期，多少恋情在这一阶段夭折。

曾经有个姑娘跟我说，其实她很后悔，因为她把自己善解人意、乖巧可爱的一面留给了外人，而偏偏将自己最歇斯底里、最任性跋扈的一面留给了另一半，她并不是真的要跟对方争出个谁赢谁输，只是想让对方更在意自己。后来，我看了她和她男友的灵数，发现她的确是强势的、过于自我的、又不会温柔和讨好型的女生，而她的男友恰恰是需要鼓励和赞美的，正面良好的沟通引导，会让他更加有担当、更加浪漫，反而这种强势的逼迫和争吵不会得到好结果，只会让两个人越走越远。

我想，探索灵数的意义之一就在于此吧，当你陷入一种绝境找不到出口，透过灵数能看到自己和对方性格中最深层的东西，看到彼此的脆弱和缺失，然后从内心深处去理解对方的所作所为，而不是敷衍了事。其实很多时候，我们不是不明白，而是深陷其中。

世界上，没有百分之百完美的另一半。当你和一个人决定携手一生，并不是在于对方有 99 个优点，而恰恰在于，他仅有的那一个缺点你能不能接受。如果两个人熬过了这个阶段，也就代表着能互相接纳对方最真实、也是最差劲的样子，你们就可以走得更远。

就像我们当初说好的，一起走，不分手。

第一节　灵数1：感情世界的主宰者

1 数人本身就是个独立而自信的个体，面对任何事情都愿意依靠自己的力量解决，行事风格果断、自信，认为没有什么是自己办不到的，目标明确、不达目的不罢休，是具有气魄的开拓者、是勇往无前的冲锋者，在人生的舞台上，1 数人绝对不是默默无闻的小兵，而是受到瞩目的主角、将军。

数字 1 对应的星座是白羊座和摩羯座，所以不论对待人事还是感情，1 数体现的特质也都和这两个星座契合。1 数人，喜欢简单、直接的感情关系，不论男女，都不善于在感情中拐弯抹角，也不喜欢藏着掖着、遮遮掩掩，如果喜欢上一个人，会勇敢的向对方表达自己的感受，即使得到了否定的答案，干干脆脆也比模棱两可或者永远得不到答案要好。

对于爱情，1 数人敢爱敢恨、忠于内心，也非常自我，在 1 数人的世界里爱情观相当直接简单、朴素执着，只要认准了自己想要的就会勇往无前，爱了就会展开行动、不到南墙心不死，就算到了南墙，也有要把墙撞开的勇气，不会因为外界的干扰而动摇，所以是让人感到踏实的伴侣。男性容易有点大男子主义，喜欢为另一半撑起一片天，而女性也是个女汉子，缺少了女性的柔美，多了几分刚烈。

另外一方面，就是 1 数人或灵数图中 1 数能量过大的人，在情感中都会有一些以自我为中心，自尊心极强又好面子，会忽视对方的感受，控制欲也会越来越强，给对方无法喘息的空间。如果和 1 数恋人吵起架来，那激烈程度堪比世界大战：你们通常都是火爆脾气，生气起来口不择言、句句往对方的痛楚戳，但是火气往往来得快、去得快，可是你的火气没有了，不代表对方也好了。同时，1数人原则性极强、道德感极强，坚决不能允许背叛和被戴绿帽子的事情发生，这是恋情和婚姻的底线。

1数人并不是不会付出，而是坚决不会为了别人而改变自己，如果非要将自己变的面目全非，那么宁愿分手，他们追求的是诚实而平等的关系。

爱情关键词：

朴素、认真、执着、热烈、直率、忠于内心、原则性强、敢爱敢恨、黑白分明、大男/女子主义、自尊心强、自我为中心、自私、暴脾气

写给你的她：

姑娘，你是典型的女汉子，敢爱敢恨、大大咧咧，直率的可爱，粗线条粗神经，有点丢三落四、迷迷糊糊的性格，其实相当招人喜欢，而且会有很多偷偷爱慕你的人是从好哥们儿发展而来。但是，一旦相爱，或者进入到婚姻当中，你的大女子主义作风和偏执到爆的个性，就会开始让另一半感到压力。因为一直以来你都是万事不求人，习惯了什么全都靠自己，所以也难免为别人操心，操心多了就成了包办、做主，什么都要听你的，其实没有你天是塌不了的，何必让自己那么累，对方也会觉得受到了束缚和管制。

你吵架时候更是强势得要命，火气一上来完全不管不顾对方的感受，你是属于脾气来得快去得也快的类型，自己发完火了舒服了，过一会儿就忘记了，可是对方还不一定缓的过来呢。因为自尊心比较强，又很倔强，让你说一句“我错了”比登天还难，即便说了也是口是心非、继续摆臭脸。非要到了无法挽回，自己再难过也要逞强，真是死要面子活受罪。**其实，你最需要的是学会柔软，学会倾听和理解，不要那么自以为是，毕竟你是一个姑娘，学会撒娇那么难吗？女汉子一旦撒个娇、认个**

错，可是事半功倍的哦！记住，想给对方一个台阶下，感情的事儿，何必非争个你死我活？

写给你的他：

你绝对是阳刚气质十足、十分有男性魅力的人，思想偏传统，你喜欢温柔一点、小鸟依人属性的软妹子，一旦有自己喜欢的姑娘就会勇往直前、一腔热血，但是追到手之后，越喜欢、越在乎，就会越表现出“哥完全不在乎你”的样子，有什么难过和压力都不太愿意说出来，宁可自己扛着。其实1数或者1数多的男生性格很鲜明，正直勇敢、简单直接，就像有些偶像剧里的男主角，死要面子，嘴上说着不要不要身体却很诚实那种，要是听到了爱人的赞美会表面很高冷、转过身就笑开了花。总之就是典型的道明寺啊！因为这样才能感到自己很man。

而且1数的男士们经常霸道总裁附体，多少都有些大男子主义，觉得“我的女人我就有义务养着她、照顾她”，甚至1数过多的男生们可能还会干涉对方喜好和自由，有一些女孩子喜欢霸道总裁，可是有一些女生就会感到失去自由。**恋爱，要学着尊重对方，而不是强制干涉，而且最重要的是，说出你的脆弱！两个人在一起就是一个整体，将你事业和生活遇到的难题分享给对方，并不见得就是懦弱，而是学会共同分担。**

给1数人的建议：

1. 学着示弱、学会先说“对不起”，所以下次再有人说你不懂浪漫又自私的时候，你千万别拉着人家一遍遍的反驳，而是先反省自己。争个谁对谁错真的重要么？真实的示弱也是一种坦诚的表现，爱情之美在于和谐与相互欣赏，而不是寻找对手。

2. 学着去沟通、去表达出自己的脆弱，不要什么事情都自己扛着，让自己放下防备，去体会到两个人共同进退的温暖和力量。

3. 多考虑一下别人的感受，真正的站在对方的角度去理解别人的说的话，而不是听见了对方说什么就理所应当的理解为自己的意思，你的强势和“自认为”会让对方觉得有口难辩，误解就是这样产生的。

4. 不要任意支配自己的另一半，不要反复确认自己的老大地位，不要随意干涉和指责别人的选择，严于律人宽以待己可不好，你真的不是一直都对哦！

灵数 1 的爱情神话

数字 1 的守护神，是古希腊的战神阿瑞斯，阿瑞斯在感情中很自我，他认为只要爱了就放手去爱，没有什么能阻挡自己，会不顾一切地对心爱的人展开追求，用他的热情和执着来打动对方。

阿瑞斯没有结婚，而是有很多段恋爱，最轰轰烈烈的要数和爱美神阿佛洛狄忒（罗马名：维纳斯）之间的感情了，虽然对方是有夫之妇，但爱了就爱了。我们不能用今天的眼光去评判希腊神话中的诸神故事，而是换一个角度，通过他们展现出来的鲜明个性来反思自己。

阿瑞斯作为战神，不论性格还是爱情都是眼里揉不得沙子的，他没有虚假的面孔、不会拐弯抹角，实事求是、情感炽烈、忠于自己的内心，更多时候会依照本能和冲动做事，他不会隐藏自己的缺点，也不会刻意讨好谁，更不会为了谁而改变自己。在感情中，1 数人要的是一种诚实的关系，更要在爱的时候保留自我。

1 数妹子如何哄——1 数妹子是女王，哄她实在太容易了！跪下，然后舔……

第二节　灵数2：离了爱人地球都不转了

2 数人内心缺乏安全感，是个敏感又脆弱的孩子，他们很懂得如何体贴关心身边的人，会用细腻充沛的情感给周遭带来贴心温暖的感受，但是他们会很轻易的依赖于另一个人，不论朋友还是爱人。在感情中容易纠结、没有自信，甚至爱到深处迷失自我，心甘情愿为了对方改变自己，而忘了本来的样子。敏感多疑的天性，又让他们格外患得患失，这都会给另一半造成极大的困扰，所以失恋、离婚才是对他们最大的打击，一蹶不振、情绪低落、脾气失控都是很正常的。

2 数人很懂得如何体贴和关心身边的人，会用细腻充沛的情感给别人带来贴心温暖的感受，当你喜欢一个人的时候，对方的一举一动都会放在眼里、记在心上，所以和 2 数人在一起会感到无微不至的关怀。2 数人一直扮演者从属角色，记得那首诗吗?《致橡树》,如果说舒婷的这首诗中表达了一种平等独立的恋人关系,那么诗中依靠大树的凌霄花、围绕大树歌唱的鸟儿,说的就是 2 数人——依赖性强,努力迎合对方。

2 数所代表的星座是金牛座和水瓶座,金牛座稳定、骨子、忠实、爱美、好先生或者好太太的不二人选,也会有人好奇为什么金牛座和水瓶座这两个截然不同的星座都能在一个数字上有所体现呢?其实水瓶座的排位是 11,并不是绝对意义上的 2 数,水瓶座理性、有头脑、古灵精怪,但是在感情上却和 2 数非常契合,非常喜欢恋爱,是个缺爱的动物,甚至会有拥抱饥渴症,但是多了几分在坚持自我和依赖别人之间的纠结和矛盾。

2 数人一生在追求的都是非常亲密、无私分享的关系,一方面,2 数人对于婚姻的稳固非常渴望和坚韧,另一方面也会双重人格般的维持一段隐秘的恋情很久,一面天使、一面恶魔,可能会有一个触发点成为打开他们心中好与坏的那把门钥匙。

爱情关键词:

友善、细心、委曲求全、善于倾听、守护婚姻、依赖心强、敏感、多疑、爱纠结、患得患失、情绪化、易妥协、双面人格

写给你的她:

你们的确为了这段感情或者婚姻全身心的付出,而迷失了自我:你们努力学做一个贤内助、一切以对方和小家庭为中心,对方喜欢看足球,你即使很困了也会在旁边陪着;对方喜欢摇滚乐,明明是喜欢古典的你也会跟对方去各种音乐节上狂欢……你为了对方改变,可是偏偏对方不再喜欢改变后的你,这时候你难免会变成一个小怨妇。如果另一半不能时时陪伴你、不能随时随地接你的电话回你的消息,你就开始疑神疑鬼,怀疑对方不再爱你。这时候你会心理不平衡,顾影自怜命运的不公平。

在婚姻或者恋爱中，2 数姑娘极容易没了自己、为爱痴狂。当我去猜测明星名人当中，谁会是 2 数人的时候，有两个名字立刻蹦了出来——郑爽和张柏芝。接着去查找了两位的生日，果然不出所料，张柏芝（1980 年 5 月 24 日）是典型的 2 数人，而郑爽（1991 年 8 月 22 日）虽然灵数是 5，但是在她的命盘当中，2 数占了相当大的比重，其影响力远远超过了其他几个数字，所以 2 数对她的感情观影响不可忽视。其实事实也是如此，当初爽妹子在人气最高的时候突然选择离开演艺事业，全心全意投入到和张翰的感情中，开心地做起了爱人背后的小女人，为爱变得不自信、为爱去改变自己的容貌，狮子座的爽妹子也是敢做敢当，从来不遮掩。她和张翰分手后也是一度暴瘦，而且 2 数人一旦失去了依赖的重心，就会情绪超级不稳定，情绪化很严重。爽妹子经常被批评没有事业心，的确，在 2 数人的眼中就是恋爱大过天啊。

2 数的姑娘是小女人，不论对朋友还是恋人，都是急于寻找“一辈子依靠”的心态，你的小女人心态也会把对方假想成 Super man，也容易遇人不淑、被对方欺骗。**爱情，就这样让你变得盲目，变得不再可爱，可是感情和家庭本来就是应该共同承担，不能指望对方无条件的养你、帮你，过分的黏人和令人窒息的包围，才恰恰是逼走对方的关键。**

写给你的他：

你会时时处处展现出对另一半的体贴入微，在你身边的女士都会感受到你的绅士和周到，你非常明白察言观色的好处了，所以几乎是下意识的把对方的一举一动都看在眼里、记在心上，让对方瞬间觉得好贴心，对于那些女汉子、御姐型的强势女生来讲，你真是个完美的伴侣，让干什么干什么。可是你知道吗？拨开绅士的外表，一个过于听话、毫无主见、纠结的男人真的可以给对方安全感吗？这样不会被当作没有存在感的男二号么？而且会经常犹犹豫豫、该断不断，面对已经无法负荷的感情依旧不主动分手，分手之后还幻想保持朋友关系。其实，你应该更 man 一点，放开心胸，你就赢了。

过分依赖和不平等的关系久了，一定会有一方觉得不平衡，“你想要我怎样？我哪里不好我会改，这样还不行吗？”当2数人说出这样的话，其实感情问题已经存在，而另外一半也会非常的头疼，总觉得自己似乎有口难辩。**其实很简单，2数人多一点独立、多一点自信、多一点潇洒，另外一半也会更爱你。那首歌唱的：“男人大可不必百口莫辩，女人实在无须楚楚可怜。”爱情，本来就不是一人挣脱一人去捡。**

给2数人的建议：

1. 在感情中的确需要全情投入、需要谦让和理解，但是！这绝对不等于无条件无底线的失去自我，想清楚自己到底要什么、坚持的原则底线是什么，不要那么轻易的变成一个附属品，对方喜欢你也是喜欢你本来的样子。

2. 学会平衡依赖和被依赖之间的关系，学着独立面对一些事情，甚至可以在某些时候成为对方的支柱，不管另一半是多么坚强的人，也有脆弱的时候，而你，也要承担起自己的责任。

3. 不要过于敏感和玻璃心，收起纠结和多疑，要知道，在你身上一直存在着双面性，有着微妙的自我对立，依赖和不信任、真实和谎言、顺从和固执，所以，战胜另一个懦弱和不完美的自己是你一生要面对的课题。

4. 你想要本能的依附强者，但是要擦亮眼睛，强大并不一定指的是金钱、地位、学历或者身材，而是真正心智上的成熟，这样的人会让你发现更好的自己。

5. 当一段感情实在无法维系，不要自怨自艾，不要死抓着不放，一直拖着沉重的错误怎么能迎接更好的人生呢？你，值得拥有更好的，答应我，下次，学着勇敢，好不好？

灵数 2 的爱情神话

代表 2 数的希腊之神是宙斯的妻子赫拉 Hera，她是希腊神话中的天后，也是宙斯唯一的合法妻子。作为正宫娘娘，即便宙斯在外面经常沾花惹草，赫拉也会为了婚姻和家庭牺牲自由、隐忍付出，所以赫拉所掌管的是婚姻、生育，被看做捍卫家庭的象征，今天在希腊很多家庭中依然供奉着赫拉。

赫拉的感情生活充满着双面性，比如她敏感、多疑、嫉妒心重，众所周知，宙斯在外面可是桃花朵朵开，而赫拉也从不掩饰她的愤怒与嫉妒，她密切注视着丈夫的一举一动，为了保护自己的家庭和孩子的地位，会对情敌和宙斯的私生子加以迫害。这样的故事真是一个又一个，感兴趣的话也不妨把希腊神话当做八卦书来看。

但另一面，赫拉对自己婚姻的维护也是竭尽全力，她会在众神反对宙斯的时候站在宙斯对立面，也会在最后关头再次倒戈，其实 2 数人就是这样纠结、挣扎，内心常常充满矛盾。

2 数妹子如何哄——2 数妹子纠结敏感，请给她充满安全感的保护！

第三节　灵数3：现实生活vs童话世界

真诚而认真的恋人，对感情充满幻想和浪漫主义，心里住着一个公主或者王子，总能在污浊的现实社会中保留一份童真。3 数恋人常常让人拿你没办法，真是可爱又可气，可爱的时候纯真率性、对感情全心全意，可气的时候真是有点无理取闹、幼稚不懂事，就像一个长不大的孩子，而且往往会把可爱的一面留给所有人，唯独把坏脾气留给了最最亲近的人。

3 数可以看做 1 和 2 的组合，所以性格当中会有前两个数字的影子。3 数人乐观纯真、爱说爱笑、天资聪颖、充满创造力和想象力，实际上内心也会有自卑感和对自己的不认可，有一双善于发现美的眼睛，对艺术有令人羡慕的灵气和天分，时刻希望被关注、喜欢听到赞美而不是批评、有小任性和小脾气，总之，就像一个长不大的孩子，会不会有人经常说你幼稚?

很多 3 数人对自己的另一半有一个理想型设定，从脸型、发型、肤色、身高到爱好、职业、性格，都有预设。女生喜欢高大一点的，最好有王子气质的，男生就喜欢大眼睛长头发的，美的像个公主。一旦碰见理想的对象，也最容易坠入爱河，爱情就是这样盲目。

3 数的对应星座是双鱼座和双子座，两个星座也自然有很多类似之处。双子座跟 3 数特征非常契合，古灵精怪、表达欲强、好奇心重，6 月的双子比 5 月的双子多一些传统和顾家。而双鱼座身上 1 数和 2 数的体现非常明显，虽然在乎独立意识但是愿意配合别人、有依赖性，内心矛盾充满自我怀疑。两个星座都是童心未泯，就像长不大的儿童。

经常有男生非常郁闷的来问我："为什么我送的礼物她不喜欢？""到底怎样才能让她高兴？"那么我告诉你，如果你碰上了3数姑娘，那就一个字——美！四个字——美轮美奂！所有跟公主沾边的也都可以，图案可以是小皇冠的，珠宝一定要blingbling的，包包一定要当季流行里最美的，度假也要去景色美到窒息的地方，而且公主还喜欢享受，spa、温泉都是不错的选择。

爱情关键词：

纯真乐观、可爱率真、充满幻想、爱美、富有创意、浪漫主义、爱表达、任性、公主／王子病、不接受批评

写给你的她：

在爱情里真的是不折不扣的内心小公举，浪漫、爱幻想、爱享受，所以3数越多公主病也越严重。根本就是"长不大的恋人"现实版，经常是一面对另一半爱到不行，一面又怨气冲天，需要对方时刻赞美你、关注你，经常跟你说"你最美"、"你最棒"。其实你很担心自己被忽略，需要在感情中时常得到肯定，因为你需要依靠外界的认可来寻求情感上的安全感，而不是从自己的内心获得它。如果对方的做法跟你不一样，你就打开了话匣子，不停地叨叨叨，抱怨、讽刺、正话反说，总是叨叨的方式还真是花样很多。

说到充满幻想、浪漫主义、内心不折不扣小公主，你会想到哪个明星？Angelababy，其实她跟黄晓明不仅仅是星座很般配，深究其灵数，真的是把生活过成童话的一对，说是现实中的王子和公主一点不为过。Angelababy是双鱼座，生日是1989年2月28日，灵数为3，而黄晓明是天蝎座，生日是1977年11月13日，灵数也是3。

两个3数人在一起，最大的共同点就是性格里的纯真直率、童心未泯，以及充满浪漫主义情怀，不把日子过成童话才奇怪。Angelababy一心想做小公主，而恰恰碰上了同样觉得自己是王子的黄晓明，教主是真心把baby当公主看待，即便现实生活有种种不如意，两个人也愿意保留内心中童话的部分，所以他们的恩爱虐狗还真不是表演出来的。不论是热衷于迪士尼城堡，还是超级浪漫的婚礼、公主冠冕和戒指，真的是王子让公主圆的一个梦，对于两个3数人来说，所做的一切的的确确是发自内心的，也是两个人都乐在其中的。

不只是3数人这样，在灵数中3的圈圈很多、能量过大，都会这样，尤其是女生。听过周董的歌《公主病》吗？收录在周杰伦2011年发行的专辑《惊叹号》中，有人说这是他写给老婆昆凌的，也有人说是写给很多男生的，我看了一下昆凌的生日，命盘中3数上有四个圈，所以古堡婚礼、婚纱背后有一个硕大的镂空爱心这些事情，还真的是会让她喜欢到爆呢。

所以，哄好3数姑娘只需要让她们感到自己是公主。但是我要说的是，我们毕竟不是明星，只是大多数普通人中的一个，没有办法用金钱堆砌出华丽的生活，而3数姑娘是不折不扣的少女心+外貌协会，那么在爱情中就不要太过于任性，每天幻想着在演偶像剧，肯定最后要失望，你需要实际一点、再实际一点，不要把好好的日子作的支离破碎就好。你不妨选择比你成熟、比你大一些的人在一起，并且让自己快一点成长，记住，除了父母，没有人有义务宠你一辈子。

写给你的他：

听不得批评和否定，如果对方给予自己充分的鼓励和肯定，他也会回报对方极大地浪漫和爱，如若不是，就会把自己封闭起来。任性、孩子气，有时候会被人冠以“不成熟”的头衔，即使你非常不喜欢这几个字，其实越是对亲近的人，你的脾气越难猜。你经常需要别人猜谜似的揣测，情绪远比天气预报难预测，而且经常会把可爱善良、温柔可亲的一面全部留给了外人，然后把超级难搞、爱生气的一面一股脑的保留给了身边的人，爱人、亲人、最最亲近的朋友，其实你又没那么难搞，只是求关注求表扬而已，就像个想要糖的孩子，哭闹只是为了求抱抱。当你的浪漫遇上赤裸裸的现实，就会被冷水浇头，把自己弄的一团乱。

3 数男生确实才华横溢，但是也真的晚熟，尤其是另一半的心智比自己反而成熟的要快，这时候就会出现不平衡。尤其是你对未来的规划并没有太多，遇到问题和困难本能的逃避，选择沉浸在自己喜欢的事情当中，甚至贪玩打游戏、吊儿郎当，总之并不想解决问题。你这样会带给身边的人不安全感，也会让关心你的朋友失望，所以你需要多承担一点，让自己早一点成熟起来，毕竟你是一个男人，不能做一辈子的大男孩。

给 3 数人的建议：

1. 成熟并不是要你圆滑世故、左右逢源，而是需要你为对方想的更多，为两个人组成的关系承担更多的责任，为了家庭有更多付出。

2. 你不喜欢听到批评，也不喜欢别人说你幼稚，可是这恰恰就是你的弱点和幼稚，学着心平气和的接受别人的建议，因为能给你提建议的人是真心对你好的人，把批评转化为动力，而不是抵触。

3. 理想世界是一回事，现实生活又是另外一回事，毕竟对于我们大多数人来说，无法过上童话般的生活，所以不要逃避现实，不要拒绝现实，经历过风雨的历练才能拥有自己的幸福。

4. 少说，多听。你快人快语、没什么心机，经常喜欢侃侃而谈，跟熟人更是口无遮拦，可是说多错多，认真的倾听才是吸收能量、学习进步的最好方式，所以不要一直叨叨叨，和恋人吵起架来更是，小心出口伤人。

5. 你经常表面上乐观自信爱说爱笑，内心又充满了对自己的怀疑和不自信，3 数人就是这样兼具 1 和 2 的特点，所以你要学会对身边人和伴侣，真实的表达自己内心的想法，哪怕是你的恐惧和懦弱。

灵数 3 的爱情神话

3 数人的代表神是古希腊神话中的爱与美之神阿佛洛狄忒 Aphrodite，她的罗马名字更为人熟知，就是维纳斯。阿佛洛狄忒不只是美的女神，她也是司管人间一切爱情的女神。

阿佛洛狄忒踏着海浪出生，拥有最完美的体态比例和容貌，她的出现就代表着美和创造美。这样一个美人，并不是为了贞洁而生的，我们说过，不要用现代人的道德观去审判希腊神话中的故事，因为每一个神都会将自己的特点发挥得淋漓尽致。所以即便阿佛洛狄忒有了丈夫，也没有停止过追求爱，她的生活就是围绕爱情展开。你会感到，这样的人就是带着任性、带着对爱和浪漫的唯美幻想，让人觉得可爱又可恨。

3 数妹子如何哄——3 数妹子就是小公举，骄纵任性起来只需要给她一个公主抱

第四节 灵数4：笨笨的行动派爱人

对4数人来说，“家和万事兴”恨不得大大的写出来挂在墙上，他们不太会有一些不切实际的浪漫，一切从实用主义出发，也会对传统的仪式乐在其中，比如过年就要贴福字、吃饺子。哇塞，这些不都是父母辈喜欢做的吗？真的这么老土吗？其实，这是4数人在给自己构建一种安全感——该什么时候做什么事，一步一步过好一生。时机成熟的时候，恨不得谈恋爱、结婚、生子一气呵成，然后过好自己的生活。

就像巨蟹座一样，恨不得把整个家背在身上，当你有一个好妻子、好丈夫或者好恋人的时候，你会在一种安全稳定的关系中找到踏实的感觉，只有这样你才能安心的去拼搏事业，你的好运气也自然会来，相反地，如果后院起火或者另外一半经常出一些“幺蛾子”，你会非常的崩溃。

而且，论起固执倔强，4数人可是排在前面的，所以作为他们的另一半，你不要指望着插科打诨、撒娇耍赖就能让他改变心思、触碰原则，跟他们的沟通技巧在于把事情的利弊摆清楚，比如今天晚上吃什么这个问题，恋旧又务实的4数人可能要去一家经常去的店，省心省事，而你又偏偏想去一家新店，两个人僵持不下，这个时候也不要上纲上线说人家不爱你，不妨告诉他去了那家新店有什么好处，优惠啊、折扣啊、两个人庆祝点什么啊，也就好了。所以，记住，就事论事就好了

而且4数人的确是不懂浪漫，所以与其搞一些华而不实的东西不如买些实际的、正需要的让他们高兴，4数人也要注意，你的固执和守旧可能会让别人觉得很无趣，

适当改变自己和多做尝试，让生活多一点乐趣，不必过于计较一针一线、柴米油盐，否则就显得吝啬了，生活，生而为活，但也为了更快乐的活着，不是么。

小沈阳的生日是1981年5月7日，为31/4数人，天赋中的31让他拥有绝佳的口才和表演欲，也让他喜欢在别人面前展示自己、需要一个舞台，但是他的灵数是4，还有147连线，所以他是个非常顾家、非常传统的人，即便在舞台上需要耍宝搞笑，但实际生活中很腼腆、内敛，可以看到很多采访中他并不是想大家想象中那样张扬个性，而且大家都知道的故事是，在小沈阳追求自己的妻子时候，直接把钱包上交，“我和我的家当以后全是你的”——这其实就是典型的4数人的浪漫。

爱情关键词：

踏实、低调、内敛、淳朴、自律、安全感、固执、实际、物质、稳妥、保守派、不浪漫、实用主义、四平八稳、有点吝啬

写给你的她：

你一直都在寻找一个理想伴侣，不一定特别有才、不一定特别帅，但一定要跟你一样，心地善良、脚踏实地，虽然你知道两人在一起会非常无趣，但是平平淡淡才是真，也许你为坏小子动过心，但是一定会伤心而归。你喜欢生活有规律、有预期，不要超出自己的认知范围和能力所及，如果对方没有按照自己的预想，就会有改变对方的想法，你希望对方像你一样有原则、讲条理，一旦发现有点不一致就默默的努力，你的控制欲并没有像8数人和1数人那样表现在外，而是无比固执的潜藏在心里，但是你明白你自己是坚决不会动摇的，必须达成你的目的。如果问题一直得不到解决，就会恶化，然后慢慢收回感情，但即便到了感情无法继续，4数人也不是会主动提出分手的那个，宁可错着，也不愿改变和挑战新的尝试。

枯燥无味的生活也是消磨感情的利器，有可能毁掉两个人生活，尤其是婚姻当

中，如果太过专注于过日子，而忽略了两个人的精神交流和享受生活乐趣，有可能会让婚姻变成一座死气沉沉的坟墓。4 数人最看重的是安全感，尤其是女生，如果另一半不能提供信赖感和安全感的时候，也会是感情破裂的契机。

写给你的他：

如果你喜欢他的务实，就别太在意他不会浪漫，4 数人的语言系统里没有花言巧语、字典里没有过多修饰词语，他们觉得实实在在最重要，过日子么，何必搞一些花里胡哨的东西呢。4 数人固执，对于男性来讲还是大男子主义的代名词，不亚于 1 数男生，但又有些不同，1 数男的喜欢被仰视的感觉，要面子、自尊心强，而 4 数男生则是偏向传统，“守妇道”这种词也会从他嘴里说出来，心里想的真的是自己娶个能相夫教子、守好家庭的贤惠夫人，所以你最好不要穿的太暴露、行事不要太张扬，有什么蓝颜知己这种事情，还是算了吧。

有的时候你会把规则和爱混淆，要知道，“作为丈夫 / 妻子，我应该对你好”，和“我爱你，所以对你好”之间是有差别的，差别也很微妙，虽然我们的生活中时时处处要有责任感，但是也要剖开自己的内心，直面自己真实的感情。

给 4 数人的建议：

1. 选择一生的伴侣不是挑西瓜、买东西，还是要选择自己真心爱的那个，而不是性价比最高的那个。

2. 改变不是天灾人祸，学会处理生活中的突发事件，打破了规律才能把 7 个音符组成旋律，变化意味着危机，也可能意味着惊喜。

3. 内心如果坚持一件事情，就不要表面答应，而依旧我行我素，那样只会引起更大的误会。

4. 不懂浪漫没关系，但要接受别人的浪漫，知道对方的示好。

灵数 4 的爱情神话

数字 4 的代表神是谷物女神德墨忒尔，在神话当中关于她与宙斯、波塞冬的故事并没有特别美好，反而对于她与自己子女之间的故事很多。德墨忒尔一直是一位温厚慈爱、稳重谦和的单亲妈妈，与其他诸神的好斗、有仇必报不同，德墨忒尔对于生活中的不幸总是报以原谅和宽容的态度，认为善恶终有他的归属。德墨忒尔面对爱情时候，不会做太多关于完美爱情的遐想，只是专注于自己手里的、最真实的生活，担负起应有的责任，尤其是尽到一个做母亲的责任，过好每一天。她的性格单纯而直接，淳朴善良，不强求、不胁迫，守着自己最在乎的事情足矣。

4 数妹子如何哄——4 数妹子最实在，哄她不需要别的，请直接给她账户打钱。

第五节 灵数5：不计较vs坚持自我

5 数人在寻找恋人的时候有一些挑剔，虽然表面上看他们很随和，甚至很花心，蓝颜、红颜一大堆，但要想升级为爱人可不太容易，而且一旦爱上，5 数人又是全情投入的类型。5 数人最怕约束和管制，他们希望另一半能跟自己有共同爱好、或某种精神契合，是个温柔又不失有趣的人，最好能理解并信任他们，不要有过于强制性的干涉，比如如果对方掌握欲过强，会让 5 数人心里很不舒服。但是符合这些的人又很少，所以还不如保持着单身但是与谁都好的状态，自由自在、心里没负担。

5 数人喜欢有点惊世骇俗、反常规的恋情，其实也是寻找刺激的一种表达途径，按照父母意愿相亲？接受命运的安排？这一定不会发生在 5 数人身上，他们完全不在乎外界的看法，甚至外界有惊讶和反对的声音才好呢，越这样反而感情越牢靠，归于平淡了，就无所适从了。

在外面狂风暴雨或者情况特殊的时期，5 数人反而能对感情没有怀有激情，反而平淡的生活、长时间的正常关系，对 5 数人来说是一种挑战，这就意味着把自己献身于柴米油盐、鸡毛蒜皮，疲惫感和倦怠心理就会来袭，说到底，5 数人还是喜欢有挑战、有事儿折腾的生活。

在享受爱情时候，你们喜欢活在当下，你们知道如何保持两个人之间的适度，一旦出现了不平衡的状态就会非常厌倦和反感，但是有趣的是，5 数人的女生在感情中更偏向于敢爱敢恨、绝不拖泥带水，而男生则显得没有勇气主动说分手，甚至遇到不爱的或不想继续的，就在发展其他人，他们心里把这段感情定义为“非正式的不认真恋情”，来回避道德责任。能和5数人一起厮守的人，一定是非常有个性的人，而且不要为了他们而改变自己的个性，一定要坚持自我，并且相对独立和自信。

爱情关键词：

共同爱好、体贴、空间、彼此独立、通情达理、情债、随和、不计较、坚持自我、承担、特立独行

写给你的她：

有时候我们愿意去窥视和揣测明星的生活，是因为他们的生活总像电影般精彩、却又比电影真实，比如我下面要举的例子，梁朝伟和他的“红白玫瑰”。在金马奖五十周年的狂欢之下，最被人津津乐道的不是奖项不是电影，而是刘嘉玲在微博上晒了一张与张曼玉的一张合影。隔了许多年的恩怨揣测，她们俩笑得淡定从容，配文“岁月极美”流露出了刚刚好的惆怅、刚刚好的意犹未尽。还有那个没有出现在镜头前、却与她们纠缠一生的男人梁朝伟，永远都是不说，却更有想象的空间。在三个人的故事中，两位女主角竟是截然相反的数字，刘嘉玲的生日是1965年12月8日，灵数正是5，张曼玉的生日是1964年9月20日，灵数为4。梁朝伟的性格又闷又不主动，刘嘉玲的个性才会在漫长的岁月中印证是他最好的陪伴。

刘嘉玲是非常典型的5数女人，非常独立、勇敢、坚持自我，她没有为了爱情而改变，反而知道如何掌控自己的生活，而且会用智慧和自己的热情来感染另一半、解决纠纷和问题，比如她深知梁朝伟的性格有些孤僻，甚至钻牛角尖，尤其是当梁朝伟拍完一个片子后，无法从角色抽离出来时，刘嘉玲不会怨怼，也不会气恼，只是默默地陪伴与等待；再比如生活中，梁朝伟深居简出、不热衷社交应酬，对爱情也并不主动、无欲无求，刘嘉玲就默默的一手安排了自己的婚礼，只是把梁朝伟请到场就好了。再高雅的人也要活，也有各种俗气的要求，所以梁朝伟选择了俗世而热闹的刘嘉

玲，张曼玉的内敛谨慎与梁朝伟的寡淡冷清，只能互相吸引、却无法走在一起，就像《花样年华》那般留下如鲠在喉的遗憾，而我们过的始终是生活。

洋洋洒洒说了许多，其实选择5数姑娘做伴侣是一种福气，因为她们往往具备生活中的大智慧，懂得大是大非、懂得如何掌握自己的生活，勇敢独立，却又不会像1数人那般自负固执。5数姑娘并不在意外人的眼光，因为生活是过给自己的，而什么样的生活最适合自己早就在心中了，你们不喜欢被掌控、被限制的生活，你们做的一切都是出于内心，而不是被强迫，所以骨子里其实很倔强。唯一要注意的是，5数姑娘潇洒的同时不要过分的试图掌控所有，尤其是另一半和孩子的一举一动，你需要空间，同样大家都需要。

写给你的他：

在你的另一半还没出现的时候，你可以有很多暧昧的关系，有时候所谓的恋爱就像吃饭喝水一样越来越速食，其实你心里特别明白的这些恋情归结为“认真的”和“不认真的”，其实你不用找那么多借口，你只是嘴上讲安定下来但又实在担心从此丧失自由、害怕被枷锁禁锢，那只能说明你还准备好，没找到对的那个人。你绝不会为了父母亲戚的要求、别人的建议而放弃自己的原则，你一直坚持自己的想法，就是要选择一个自己爱的那个，否则的话，反正内心也不会对婚姻有多大渴望，自由自在的也挺好。你的立场和主见不会让你做出违心之举，而一旦选择了、认准了，你也不会为了别人的反对意见而放弃，5数人的我行我素和倔强会在你这里体现的非常明显。

你会对自己的另一半很好，温柔体贴、照顾付出，但都会在一个适度的范围内，你非常清楚的知道两人相处的那个度在哪里，你会很好的解决问题，所以两个人之间吵架争执这种事情比较难出现，你是个不错的灭火队员，但是对于你心底认准的事儿，你是坚决不会认为自己有错的。“你说的对，但我坚决不改”这就是你内心的声音。你需要空间和信任，如果两个人在一起深陷柴米油盐、每天都在发愁家庭的重任和负担，那么你可能会厌倦的很快，经常想逃离。所以，对于婚姻和两个人究竟适不适合，你需要自己想清楚。

给 5 数人的建议：

1. 表面随和内里固执，说什么都答应得好好的，但是真的触及到需要你改变、需要你退让的地方，你又会坚持自己的想法，有时候让恋人觉得你不真诚，所以做不到就不要答应。

2. 情债太多哪一个是你的真爱？检验方法很简单，当你真心爱上一个人，会为了他／她心甘情愿做一个恋爱的傻子，如果你心里还有保留、还有退路，那么你不爱。

3. 承担责任，这种承担是要想的更长远、牺牲的更多，而当感情无法继续，先说分手也是一种责任的承担，拖着但不爱，是另一种伤害。

灵数 5 的爱情神话

5 数人对应的希腊之神是赫尔墨斯，他一生潇洒自由，主管交易、经商、发明，又热爱旅行和运动，长得又是一表人材、风流倜傥，为人谦和、又会说话，再加上多才多艺、身材出众，所以自然会吸引女性的喜欢，放在今天，一定是很多迷妹的老公人选。但其实赫尔墨斯的内心喜欢无拘无束的生活、来去自由的关系，享受爱情而不要互相绑架住生活，所以一直没有安定下来。虽然身在花丛过，但他也有一个真爱，就是爱与美之神阿芙罗狄忒，也为了追求心中的女神煞费苦心，但最终不能与心中倾慕的女神在一起，因为他爱的人不爱他，于是，他也是一辈子没有正式结婚，但女友可是遍天下，也有很多孩子。

在古希腊不论对于爱情还是性方面都比较开放，赫尔墨斯的故事隐喻着 5 数人的爱情观，崇尚自由自在、最怕约束，一生知己有很多、感情有很多，但挚爱只有一个，一旦碰上这个真爱，可以付出所有。

5 数妹子如何哄——5 数妹子像风一样自由，许她一个最广阔的世界就能哄好她！

第六节　灵数6：只求感情的回报

6 数人对爱情、家庭、友谊等一切感情都有着强烈的渴望，拥有幸福美满的家庭是令你们最快乐的事，所以你为了家庭、为了所爱的人忙里忙外、事无巨细却完完全全乐在其中，与 4 数人不同的是，他们可能在意为建造一个家而垒砖、搭建、做物质积累，而 6 数人更要求内部的温暖，所以 6 数人也很讲究生活品质。6 数人对待感情传统、保守，颇为含蓄内敛，但是却无微不至、细水长流，为了爱的人可以打点好一切，在家里根本闲不住，眼里有活、乐于服务，不单单要照顾好对方，连他的亲戚朋友家人，你都会照顾妥当、十分周到。而来自爱人的感谢和赞美，就是他们做小天使的原动力。

6 数人在感情中一直要学习的课题，也正是如何正确健康的平衡自己与在乎的人之间的关系，除了恋人，还有亲密的朋友、亲人，如果一直为对方付出，你的心里会非常的失衡，甚至觉得自己被忽略、被利用，而如果别人为你付出，你又觉得心有愧歉、非常不自在，这都源于你的付出，是在之前就做了关于对方回报的心理预期，不论是情绪、感激、还是同样的感情回馈，你会对对方有所求，而这种所求大多不是物质上的。而当 6 数人发现付出和回报不成正比的时候，除了伤心难过，还可能会走向另一个极端，会在看到别人困境之后心里默念“我凭什么帮你”。所以，你对待感情究竟是无私还是自私呢?

因为 6 数的对应星座是处女座，所以这种情感洁癖和事无巨细和处女座有着很好的契合，对待感情有着非常慎重的态度，一见钟情这种事情不太会发生，日久生情或有一段时间的考验才能放下心来，一旦放心就迅速切换到过日子的模式。在 6 数人的感情世界中，这种期待会映射到周围方方面面，付出的越多反而越迷茫，而且会将细节无限放大，经常因为无关紧要、鸡毛蒜皮的小事情而耿耿于怀、一直过不去，总能在鸡蛋里挑出一点骨头然后絮絮叨叨，甚至有意无意让对方按照你的要求来行事。

6 数人一直在执着于拥有爱情、无私奉献，而往往忽略了享受爱情，所以到最后，可能真的是，一地鸡毛。

爱情关键词：

奉献、小天使、服务精神、家庭观、责任感、渴望爱、善解人意、乐于付出、索取心、苛责、多管闲事、事无巨细、周到、换位思考

写给你的她：

6 数的女人一定是贤妻良母的代名词，上得厅堂、下得厨房，照顾老人、带着孩子，修理家电、智斗流氓……总之，只要为了自己深爱的人，上天入地无所不能，就

像个勤劳的小蜜蜂，而且你会把对方的亲人、父母、兄弟姐妹都照顾周到。可是，每当你满心欢喜为了另一半做什么的时候，你会想着“如果我做了……他会不会很开心，会如何感激我，会如何爱我……”，一旦对方没有给你热烈的回应或表达感激，你就会非常失望。这种期待甚至会细化到你今天做的菜，对方没有注意到菜色有变化这种细节，长此以往下去，就会开启小怨妇的模式，想方设法提醒别人看见你的好、明里暗里的翻旧账，这样真的好吗？不单是惹人烦，还会给对方造成很大的心理负担。

你非常会照顾别人，体贴入微、无微不至，身上总散发着母性光辉，这点好也不好，因为你会把别人当成小孩子一样照顾，也当成小孩子一样教育，家庭是两个人共有的，要学会分担，哪怕对方做的不尽如人意，也不要全都揽在自己身上，更不要用挑剔和唠叨打击别人，地为什么没拖干净？碗洗了没有？干活的顺序为什么错了？……长此以往形成了习惯，你也会觉得自己越来越像家里的保姆。学会崇拜和鼓励，学会放手给别人机会，也是给自己一个喘息和休息的切口，试着粗糙一点也许更可爱。

写给你的他：

你非常有家庭观、有责任感，而且脾气通常都很好、给人温和谦卑的感觉，绝对是个好好先生。这都是你的优点。你不会有不切实际的想法，会为了生存和安身立命而努力，为了家人、爱人、孩子争取一切，这是你肩负的责任，你也乐于背负的责任。

一方面，要考虑自己是不是缺乏一点上进心，有时候过于眷恋家中的温暖而逃避外面的风风雨雨，其实“为了家庭和爱人”可以是你前进的动力，这并不矛盾。另外一面，你会不会有点热心过头或者学不会拒绝，甚至有多管闲事之闲，这种热心肠千万不要影响自己的生活，不要给自己的生活和小家带来麻烦。

你的一味忍让和好脾气，可能会把另外一方惯坏，也许对方并不是无理取闹、骄纵蛮横之人，可是你什么都不争不问、没有意见，也不知道该怪谁了。两个人的相处，还是需要两个人共同磨合，不是一方的无条件退让，这也会让别人心里有压力，甚至琢磨不透你在想什么。如果是爱情之初，也有成为万年备胎的危险，所以，增加一些自己的个性和立场感，未必不是件好事。

给6数人的建议：

1. 先不要对结果有脑补出的预期，如果得到了另一半的感激当作惊喜，如果没有，那问问自己还做不做，这件事本身你还要不要做呢？你是真的想做这件事，还是想要得到另一半的感激才做的？

2. 不要无条件、没原则的一直付出，把自己不知不觉间摆在一个怨妇的位置，你很容易为了谁而迷失自我，所以让自己更好、永远光彩夺目，才是硬道理。

3. 感情是两厢情愿的事，别指望着自己能感天动地扭转乾坤，如果不是自己的，学会割舍和放下，不必强求。

4. 如果对方为自己做了什么而不和你的意，也别着急吹毛求疵，或者直接多加干涉，你们是情侣，不是母子、不是父女，学会放手。

灵数6的爱情神话

阿波罗在感情中有一点悲情，付出太多、回应太少，经常以伤心而告终。有一次，厄洛斯（罗马名字：丘比特）在把玩弓箭，阿波罗看见后教育他："喂！弓箭是很危险的东西，小孩子不要随便拿来玩。"厄洛斯当然不开心了，任性淘气的他想报复阿波罗。其实小爱神厄洛斯有两种箭：一枝金子做的，一枝铅做的。凡是被他用那枝黄金箭射中的人，心中会立刻燃起恋爱的热情，而要是那枝铅箭射到的人，就会十分厌恶爱情。厄洛斯趁着阿波罗不注意的时候，"飕"的一声把爱情之箭射向阿波罗，他对爱情有了渴望，会爱上接下来遇到的第一个人。正巧这时候，河神的女儿达芙妮经过，厄洛斯把铅箭射向了达芙妮，所以她立刻变得十分厌恶爱情。

所以阿波罗的爱情注定悲剧，不管他如何追求，达芙妮都不为所动，甚至要求大地女神把她杀掉，女神只好将达芙妮变成一颗月桂树，阿波罗十分伤心，于是将月桂树的叶子戴在头上，寓意着永志不忘。后来，他的爱情之路也并不顺利，像是受到诅咒一般。

其实，6 数人的爱情也一直如此，一旦陷入爱情便会无条件付出、全情投入，并且从心底希望付出能换来对等的回应，能得到对方百分百的爱情。

6 数妹子如何哄——哄好 6 数妹子很容易，先打入她家内部一切都是妥妥的！

第七节　灵数7：平等人格宁缺毋滥

7数人的感情世界非常的清高，他们并不像大多数人那样需要别人的陪伴，反而他们会很享受独处的时光，即便有了另一半，他们也需要空间感。7数人一直在寻找自己的灵魂伴侣，这个人需要跟自己有默契、有交流、有才情，聪明的7数人并不喜欢另外一半过于愚钝，如果找到了这样的完美伴侣，两个人会相处的非常和谐稳定，是别人眼中的神仙眷侣，可是这种幸运不是谁都能有的，如果找不到，那么7数人晚婚或单身主义的概率很大，是所有数字里面独身最多的。

7数人虽然聪明善思，但也十分多疑，这种多疑会转化为一种对感情的不安全感，付出多了怕迷失自我、受到伤害，付出少了又觉得心怀愧疚、对不起别人，于是经常给人感觉一会儿主动、一会儿被动，忽冷忽热，有话还不愿意直说。你非常讨厌玩暧昧，只是还没有完全让自己确信要不要投入到一段感情中，你不喜欢逼迫太紧的感情状态，更喜欢细水长流、自然而然、顺理成章，最后凭借默契走在一起的状态。

这种状态就像你对待感情一样，不会过于浓烈，也不会太出格，与你发生争吵的概率也几乎为零，因为你更喜欢冷处理，一旦发现两个人不冷静就会立刻保持距离、各自去反思。你对待感情就是这样的克制、有点令人琢磨不透，所以也尝尝因为观望而错过真爱，即便内心有万般波澜表面也是风平浪静，直到喜欢的人娶了别人，直到时隔多年，可能你的秘密还烂在肚子里，也不会有人知道你曾经为谁动过情。

爱情关键词：

忠诚、原则性强、立场明确、克制、精神交流、灵魂伴侣、多疑、高冷、距离感、平等付出、伙伴战友

写给你的她：

娱乐圈中活得潇洒的单身女青年很多，徐静蕾、舒淇、俞飞鸿、林志玲……你会发现她们身上仿佛都有一些的共同点，或洒脱或克制，但都不会为了迎合外界的眼光而放弃自己的坚持。她们冷静克己，对生活不会放纵不会懈怠，或读书习字、或修身养性、或贪玩洒脱，都活出了自己的气质，7 数人就是这样，淡泊名利、悠然度日，猛然间会发现，岁月对这样的姑娘也是格外留情。这样的姑娘都有过爱情，或刻骨铭心、或蜻蜓点水，但都因为种种原因错过了携手一生的机会，那么与其草草将自己嫁掉，不如活出真性情。

明星的生活离我们还是很远，但是仔细寻找，身边有这样思想独立、气质不同的姑娘，也许就正是 7 数人准没错，与众不同的才子会对 7 数姑娘有着致命吸引力，作家、画家、音乐家、甚至浪子，只要是极具人格魅力和个性的人，都会让 7 数人倾心，因为你们不喜欢平庸的生活。

除此之外，那些在生活中选择结婚、过普通生活、或者生活无法如此耀眼顺遂的 7 数姑娘，你们虽然平时一副冷淡脸，但其实对伴侣的忠诚度要求相当高，会变的疑神疑鬼，如果不是和对方精神高度契合，就会担忧以物质为基础的感情不牢靠，你既希望能和另一半亲密无间、没有秘密，又希望保持清醒、彼此独立，这有点矛盾，也很难十全十美的如愿，而如果你发现对方真的有出轨倾向，是绝不会将就凑合的。

写给你的他：

同样地，7 数的男性也不太喜欢过早陷入儿女私情，只有遇到令自己瞬间窒息惊

艳、或真心敬佩的人，才会可能动情，你的潜意识里住着一个直男癌，这种直男癌是清高、自以为是、自命不凡，所以在寻找一个能和自己匹配的伴侣。你聪明或自以为很聪明，所有的事儿都喜欢刨根问底、追根溯源，对于别人说的话第一时间否定或压根听不进去、不屑一顾，如果陷入到生活的柴米油盐当中，会让你非常的没有成就感，你的另一半大多很崇拜你、靠你的判断做决定，可是时间长了，也会出现两个人无法交流的寂寞感。

所以 7 数男生，常常觉得自己高处不胜寒，也是独立思考能力很强大、不太会为了别人意志而转移的一种人，当你遇到感情困惑，甚至生活问题，你需要找到令你非常敬佩、是你尊重的人，来对你进行开导，你才可能采纳意见。

给 7 数人的建议：

1. 爱情中无法时时刻刻维持清醒和理智，我知道这和你一贯的作风不符，所以你会显得忽冷忽热，让人琢磨不透，所以如果遇到真爱，要适当放下你的高冷和冷静了，一副“拒人千里之外”的样子是无法获得感情的。

2. 你喜欢公平和相对独立的关系，不喜欢一方过于粘着另外一方的状态，不论你是那个粘人的还是被粘着的，你都不太舒服，可是两个人过日子，哪能真的什么都拿来衡量比较呢？总要互相支持互相给予温暖的是不是？

3. 你的疑心太重了，即便你有着非凡的洞察力也有判断失误的时候，你会把侦探精神带到两人关系中，破解密码、查找证据，但这些真的能消除你对背叛的恐惧吗？心魔终究在你自己，需要多些信任。

4. 你更注重伴侣之间的精神交流，所以如果另一半与你完全没有共鸣、共同爱好、精神默契，你会崩溃，所以在选择另一半之前想清楚自己要什么。

灵数7的爱情神话

7数人当中是最容易出现晚婚或坚定的不婚主义者，因为7数人本身更喜欢相对平等、有彼此独立空间的关系，更注重精神层面的交流，如果没有宁缺毋滥。这也和跟7有关的神话不谋而合，代表7数的希腊之神是雅典娜，集智慧和勇气于一身的雅典娜，却一直维持的独身也保持着精神洁癖，喜欢她的人很多，她却没有谈恋爱。曾经有两个人爱慕过雅典娜，火神赫淮斯托斯和海神波塞冬，可是都没有成功，波塞冬因爱生恨，也许为了气气雅典娜，也许为了报复，波塞冬在雅典娜的神庙中欺负了一个美丽的凡人女孩儿美杜莎。雅典娜将美杜莎化为多头蛇妖，并放在自己的盾牌上，来增强自己战斗的威慑力。

其实，灵数为7的人，都很聪明、追求真理，他们并不喜欢为了爱情而失去自我、陷入盲目的状态。当7数人找到了那份属于自己的内心安静和快乐后，就会对婚姻、爱情没有强求，就像雅典娜，一直保持独身、坚守忠贞，却也怡然自得、不会自怨自艾。

7数妹子如何哄——7数妹子不吃哄人这一套，最好把自己变成透明的，等她自己想明白。

第八节　灵数8：爱恨分明、隐忍倔强

8 数人十分渴望能够找到一个人携手一生，想要从一而终的感情。会有很多人被8 数人对待爱人的理解、宽厚和好脾气吸引，开始的时候总是执着而一往情深，但是别高兴的太早，深入交往后，8 数人的负面情绪才会展示出来。我们都知道爱情就像手里握的沙子，但 8 数人绝对是越爱就握得越紧的那个，然后手里的沙子一点点流失，爱人也这样一点点被逼走。

你什么话都不明说，却摆出一副“你应该知道发生了什么”“你应该知道怎么做”“你应该……”这确实会让对方很抓狂。再比如，8 数人会把很多看不惯和问题先藏在心里隐忍不说，但是会试图从一点点小事为切入点绞尽脑汁让对方改变，温水煮青蛙，由小到大，总有一种心态仿佛把对方当作绩优股，或者想占据领导地位，希望能看到对方的成长进步，如果对方不能表现得更好，或者开始反感这种诱导和教育，你就会失望、争吵。

其实，8 数人喜欢的爱情模式也是一种能“背靠背”彼此绝对信任、又能在关键时刻一致对外的战友模式，对方需要相对独立，这种独立是经济、思想、成熟度等等，能给你出谋划策、支持你的事业、对你提出建设性意见，既像合作伙伴又像兄长，更像战友，既是生意伙伴又是浪漫情人，这样的多角色关系才会稳固持久。另外，8 数人极其爱面子，所以不要跟他们任性争执，而是要像个朋友一样分析利弊。

爱情关键词：

温厚、主见、真性情、敢爱敢恨、黑白分明、痴情、专一、外柔内刚、忍耐、坚持、倔强、控制欲、霸道、咄咄逼人

写给你的她：

不论外表如何，8 数人骨子里带着倔强和坚持，敢爱敢恨、霸气外漏、外柔内刚。这倒让我想起了一个人——朱茵。小个子、巴掌脸、透露出一种灵气，但是你却无法忽视这样娇小身体里蕴藏的大能量，也无法忍视她脸上自带的倔强和骄傲，就像《大话西游》中的紫霞，她带着真性情演活了紫霞，紫霞也仿佛是她的侧写。她是一个拥护自我世界的人，“通常我规划的东西是没有其他人来搞混的”，她也不在自己的规划里牵涉到其他人。她欣赏自己的勇往直前和专心一致，“我不是一个容易被影响的人。”她用心做每一个决定，忘记自己曾经后悔过什么，因为“后悔的东西基本上很少”。这就是典型的 8 数女生的爱情观，直接、真实、敢爱敢恨，为了另一半可以坚持、忍耐，但如果被伤了心也会毫不犹豫的转身离开，宁可老死不相往来。不论外表如何，8 数人骨子里就是带着这种倔强和坚持，敢爱敢恨、霸气外露、内心刚烈。

8 数姑娘也有着侠义心肠，不喜欢伤害别人，天性里就会有一的避开冲突场面，甚至会牺牲自己的快乐和想要的东西来成全别人。有趣的是，另外一种截然相反的天性也会在 8 数姑娘的身体里，就是真的有事来临也不会躲避、不会害怕，真的将抱怨、恨意和失望积累到一定的时候，就会突然爆发，十分决绝。所以，为什么一定要等到事情无法挽回呢？真到了那个时候，对于问题的根源竟无从说起，心上的灰尘早已经累积到无法抹去，而且 8 数过多的姑娘在感情中也会因为自己的个性太过刚强而伤害到别人，掌控欲无形之中带给周围人压力，也让自己无法释怀和快乐。

写给你的他：

你是一个好丈夫，专一、顾家，对另一半脾气也很好，给人宽厚可依靠感。但同时，8 数男性也会将城府藏得更深，也会让自己的另一半常常觉得非常的不真实，即便在你身边也不知道你在想什么，反而会产生内心的不安定感。当你有自己喜欢的姑娘，会以自己的方式去追求对方，有点霸道总裁的意思，深情款款但是不容拒绝，如果碰到了喜欢这款的还好，但是如果遇到对方也是个不愿意受控制的妹子，两个人可能就要较劲了。

8 数的大男子主义更多体现在对另一半的照顾和要求感情专一的方面，你极其不能容忍背叛，诚实和专一是你最看重的，当你发觉自己被欺骗也会表面默不作声、一如平常，但是心里却在盘算着如何报复，最终可能会伤敌一千自损八百。你喜欢贤内助型的另一半，然后会把很多压力自己扛在身上，其实也不必如此，生活的事情还是要两个人分担。

给 8 数人的建议：

1. 你知道自己控制欲强，经常希望能时刻了解对方的一举一动，但也会挣扎这么做不好，所以在心里冲动和压抑之间纠结，越是忍耐控制欲就越强，往往内伤很严重或直接把对方逼走。所以，这只能你自己意识到并调节。

2. 你内心害怕冲突和激烈的吵架，所以会把不愉快憋在心里，挤压久了反而无从说起，或者产生更大的矛盾。所以，学会真心的沟通，而不是一味的忍着不说。

3. 爱情来临的最初，你有许多美好的期许，两人刚接触的时候你可能会带着伪装，或不知道如何做自己，而让对方产生误会。接触时间长了，真实的你、真实的脾气秉性，才慢慢展露出来。所以，最好在第一时间让对方认识真正的你。

4. 不要咄咄逼人，通常你的另一半，都是产生了巨大的心理压力而选择离开的。

灵数 8 的爱情神话

火神赫淮斯托斯的爱情某种意义上来讲也是有些悲情。他的外表丑陋、不善言辞，从小到大遭遇过许多嘲笑和不公，在感情之路上更是屡屡被拒绝过、被冲昏头脑过、徒劳无功过。最后，颇为戏剧化的是，赫淮斯托斯娶了女神中最美的阿佛洛狄忒，而他自己也知道配不上她，对于她的任性也不加以干涉，对待婚姻和自己爱的人，火神一直沉默而坚定，每当遭遇冲突都会保持沉默，默默回到自己熟悉擅长的工作坊干活。虽然阿佛洛狄忒像一个缺爱的孩子，不停的到处寻找感情寄托、发展新的恋情，可最终还是决定留在赫淮斯托斯身边，而且用自己对这个世界的爱和正能量去影响火神，也慢慢让他得到了感情的疗愈和变化，这样的组合和结果，或许也是一种命中注定。

火神的爱情之路也映射出 8 数人在婚姻中的状态，其实两个人之间，需要彼此信任、敞开心扉，用诚实、开放、互相扶持的态度来经营维护，过分的隐忍并不一定好，把所有的不快都一味压抑在心里，只会让两个人更加疏远，常常是外表冷漠、内心火热这远远不够，学会表达、学会去爱，才会快乐。

8 数妹子如何哄——8 数妹子吃软不吃硬，刀子嘴豆腐心，只要适当装可怜就能哄好她。

第九节　灵数9：柏拉图式的精神洁癖

9 数人有自己构建的价值观和理想国，对世界都充满了幻想，更不用说爱情了。憧憬爱情、期待爱情，一旦陷入爱情，就是最为浪漫的一类人，而且会用很多渠道和形式表达自己的浪漫，也会用写情书、弹吉他唱歌等很多老套却依旧能让人感动的方法。周杰伦周董就是 9 数人，而为爱的人写歌就是他表达浪漫的一种方式。

在爱情中，9 数人全情投入而往往容易被蒙蔽了双眼，对于感情中出现的问题习惯性的选择逃避或视而不见，然后只去关注到两个人在一起的美好，努力构建关于美好未来的幻境和誓言，直到有一天发现这些空中楼阁真的不能再让两个人继续的时候，才认清一切都是自己骗自己。9 数人很善良，也特别怕伤害别人，总是瞻前顾后显得拖拖拉拉，比如分手这件事儿吧，也不会由 9 数人提出来，会一直拖着拖着，直到对方说出结果。而分手后，虽然知道要把过去放下，还会忍不住怀念过去的好、不能斩断情丝、与前任耦断丝连、暂时不知道如何继续新的生活等问题。

而 9 数人本身，非常喜欢有人格魅力的另一半，不论是才华还是个性，尤其是对生活对未来有梦想的人，他都非常欣赏。但是对于别人的热烈追求，9 数人也不太懂得拒绝，因为总是怕自己的拒绝让别人伤心，瞻前顾后。所以如果你的另一半是 9 数人，除了享受他的浪漫体贴温柔外，也要适当的帮他做决定。

爱情关键词：

浪漫、幻想、温和、痴情、宿命论、从容、得体、柏拉图式、懦弱、优柔寡断、拖泥带水、不懂拒绝、心软、善良

写给你的她：

你是一个为了爱情可以全情投入付出所有的人，你喜欢在爱情中也保持着优雅的状态，想把最好的自己展示给对方，同时容易把对方幻想成你想象的样子，你爱上的人也许不是眼前这个，而是你假想出来的，一旦有一天你发现梦想幻灭了，认清了事实，你会格外伤心。换位思考是你的体贴之处，但是你总会帮对方想理由、找借口，甚至还觉得是不是自己的问题，或者还没有找到眼前的问题解决方式，就试图用另一件事情掩盖过去，比如两个人感情不好，你就想结婚会不会好，结婚后另一半不爱回家，你就想有了孩子会不会好，其实这样下去只会让你陷入到更加无法扭转的尴尬局面而已。

感情的确是你的死穴，因为你对人太好太宽容，以至于变成了纵容，就像一个母亲对孩子的爱一样泛滥没有原则，如果不加以节制就会发展为另一个极端，就是你的另一半对于你的宽容当作理所应当，慢慢养成惰性甚至忽略你的存在，因为你显得懦弱又没有脾气。对人好、优雅、大度，是你的魅力，但是你也要让对方知道你的底线和不快。

而且你还容易喜欢有才但是性格也比较个性、极端的男生，因为你的温吞，才会格外关注那些浪子，以为自己像圣母或救世主一样能让对方改变，这种恋情一开始就会透露出一种悲情的味道，浪子回头固然可贵，但你应该学会认清“人是很难改变的”这件事，谁都不是小孩子，谁离了你都能活，也并不需要你可怜，不该留恋的就要学会放手。

写给你的他：

9 数男生十分的浪漫，对感情还有点洁癖，你喜欢和对方一起制造一个又一个浪漫回忆，并且像一个卫道士一样坚守着一份对爱情净土的守护。你十分绅士、善良体贴，对于女性你会格外照顾，特别懂得怜香惜玉，尤其是对那些特别柔弱的、特别不会照顾自己的，换句话说，就是格外爱哭能作、能折腾的女生，你就特别没有办法，像一个受虐狂一样一边迁就着、哄着，还一边很享受自己这种忍让的状态，而一味对你好的姑娘你反而就看不上了，这样不是剥夺了你做一个伟大的人的权利了么。更重要的是，你这样对别人好，还特别没有原则，不分对象，会给很多人造成误解，误认为你喜欢她们，然后你就收割了一个又一个红颜知己，其实你并没有想跟人家进一步发展，更要命的是你根本不会说清楚。

你也无法说“不”，因为你害怕内疚、害怕对别人有亏欠，揣着明白装糊涂是你最擅长的。你需要学会的就是，分清对别人好的边界，尤其是当你有了另一半，就不要在外面施舍你的爱心了，即便你自己知道什么事情都没有，你会告诉自己只把人家当朋友、当妹妹，天啊这种思想让别人怎么看你呢？滥情？渣男？还真不是，但是的确会影响你真正的另一半的心情。讲点原则吧，该狠心的时候、该做决定的时候，就不要拖沓、不要爱心泛滥，不要别人一可怜兮兮的你就受不了，这是你的弱点不是什么值得骄傲的。

给 9 数人的建议：

1. 学会判断、懂得拒绝，尤其是面对不喜欢的人的热烈追求、那种所谓无条件的对你好、或者对方非你不可连哭带闹，我知道你最没有抵抗力了，可是错误只会越拖越严重，把话说明白也是一种慈悲，什么时候你才能学会说不。

2. 关注眼前，认清现实，尤其对于两个人之间出现的问题，可以给自己设定一个规矩，类似于“不把问题和矛盾拖到明天”之类，要学会解决问题，逃避不是两个人相处的健康模式。

3. 主动一点，不会主动说在一起，也不会主动说分手，不会主动说出自己心里的不快，也不会主动解问题……你要学会主动出击。

4. 幻想大于实际，你把人想的太好、又忽略掉两个人之间所有的问题，这样的生活只是你臆想出来的。

关于灵数 9 的爱情神话

9 数人一生都在寻找精神伴侣，他们对于感情有着自己的坚持和讲究，他们经常似乎非常博爱、对谁都好，又似乎对谁都不是爱情，让人捉摸不透，让我来给你讲讲希腊神话中 9 数的守护神——森林女神阿尔忒弥斯的故事。阿尔忒弥斯是阿波罗的姐姐，她一生只爱上过一个人，就是猎人欧里昂，他们两人相爱后隐居在森林中，每天一起狩猎、一起追逐，一起消磨时光、无比逍遥自在，但是两个人并没有因为相爱就要结婚生子、过传统世俗的生活。

阿尔忒弥斯的爱情遭到了阿波罗的嫉妒和打扰，有一天，阿波罗对阿尔忒弥斯说，咱们比一比射箭技巧吧，你看见远处的一个黑点么？于是阿尔忒弥斯拿起弓箭，结果误杀了正在游泳的自己的爱人，阿尔忒弥斯非常的伤心，也没有再爱上谁。但是她也没有因此而一蹶不振或做出令自己后悔的事情，9 数人就是这样，不会让自己和生活太出格，虽然放不下，但也要强迫自己选择适当的时机放手。

9 数妹子如何哄——9 数妹子最是心软，把自己装成可爱又可怜的样子卖萌吧～

手札：不是爱不爱你，而是我想，好好爱你

“其实我这个人没那么刻薄，只是不知道为什么，跟他吵架时候就控制不住自己的嘴。”小A这样跟我说。小A是个不错的妹子，没有攻击感的漂亮、对人谦和有礼，有教养、不张扬，如果不是她自己说，你根本不会觉得这种妹子会和谁吵架，甚至吵到声嘶力竭。

起因很简单，小A陪男朋友去参加朋友生日趴，大家玩high了，有人顺手递给小A男友一支烟，小A男友已经为了她成功戒烟1年多，但是当时不知是他不忍破坏气氛，还是要面子，总之，他接了过来。小A瞬间就黑脸了，低声说：“你都戒了，不要抽了。”这个递烟的朋友也是真没眼力价，激了一句：“哟，够听嫂子话的。”弄得当场两人很下不来台。是的，猪队友总是这么出其不意又“很合时宜”的出现在你身边。

两人回家大吵一架，灵数为6的小A觉得男友答应她的事如果做不到，就是不爱她、没信用，顺便翻出了很多旧账，灵数为3的小A男友觉得就是一根烟，没必要当场搞得他没面子，他自己有分寸何必上纲上线。结果呢，冷战呗。

小A问我这事儿她错了么，我说：“你俩都没错，你俩也都错了。”恩，废话一句，但是连这句废话，恋爱中的你都不一定能看清。不给面子、翻旧账、没有就事论事，是小A的问题；而承诺没有做到、没有合时宜的拒绝、太要面子，是男友的问题。别去计较谁的错更多，没有意义。

所以，比起“我爱你”，我们都应该知道，“该如何好好爱你”。这篇手札中对各个灵数的爱情建议做了一个总结和梳理，它既是一篇有针对性的番外篇，但也是给所有数字的通用建议，是写给千千万万在爱情中、或在等待爱情的你，也许你在不知不觉中就能找到自己和另一半的影子。

01 留足面子别拆台

很少有人真的没脸没皮吧？如果有那样的你也不会稀罕吧？所以不管男女，多多少少都会有些爱面子，程度不同而已。当女生跟着男朋友见他的家长或朋友，忍气吞声装装小女人吧，在人家朋友面前还要他伺候你不成？真把自己当女王了。反过来，男生也一样，而且，如果跟女票及她的闺蜜见面，那么恭喜你，这已经是比见家长还高规格的见面会了！那么你一定要，体贴细心、面带微笑，表现出充分的耐心和尊重。在外面留面子，有事儿回家说。关上门，面子是个啥，如果真的做错了，那么，下不为例！

这其中，1 数人尤其要！面！子！人越多越要面子，只要在外面给足了面子，回家跪搓衣板都行，而如果在外人面前砸了他的面子，那就真的踩了雷区。

02 有话直说不要猜

朋友小 J，马上要过生日了，给自己的男朋友明里暗里暗示了很多，其实她就是想要一款包。结果人家买错了，小 J 一脸不高兴，还不好意思太发作，又纠结于自己真的不喜欢，花了不少钱，退不退？这就是自己给自己添堵。大部分男生，还真是不那么懂包懂鞋懂品牌，需要你的引导，如果他实在不了解，那你何必给自己找不痛快，你也不懂他喜欢的足球、游戏对不对？你要是真的特别想要什么就直说，挽着自己男人去商场让他给你花钱刷卡也未尝不是一种浪漫。你要想让他花心思，那他拿出了一件他花了心思却不合你心思的礼物，你也别闹心，没有人真的能把日子过成韩剧对不对？

这其中，2 数人内心细致敏感，能体察到别人的微妙需求和心里变化，但是！不是所有人都跟你一样啊，所以，有话直说，情侣之间小猜是怡情，大猜就伤身了。

03 说到做到，越亲近越要重视承诺

小 c 今晚约了男朋友过周年纪念日，结果因为男朋友单位有事加班，就泡汤了。小 c 因为这件事跟男朋友大吵一架，开始我们不理解，我还带着一众妹子连哄带劝，普遍观点是：哎呀，谁还没个突发事情，不就一次么要理解。

“不就一次么？”这句话可是刺激了小 c，她细数了一下到底被男友放了多少次鸽子、说话不算话多少次，还真的都是很具体的事情。类似于“你说过会好好爱我，为什么不好好爱”这种琼瑶式的承诺就别算在这里了，这种承诺，指的是比如说好了两个人一起过纪念日、年假旅行、回家看老人、带孩子做亲子活动等等，这些事情不同于平常的吃饭喝水，而是代表着一种生活的仪式感。很多人推崇西方的“家庭日”family day 概念，这是一种履行责任的外化表现：越亲近的人，越要重视承诺。

这其中，3 数人天真任性，内心永远住着一个小公举，才华横溢却被人说成长不大的孩子，所以，千万不要忽略责任和承诺，才不会伤了爱你的人。

04 浪漫还是不解风情

大多数中国男人不浪漫、不会浪漫，这些呢一时半会儿也不能培养出来，毕竟浪漫也是分天赋和后天努力的。但是最近这几年，我也发现很多女孩子才是不懂浪漫那一个，另外一半给自己买了花会第一时间抱怨为什么花钱买这么多没用的东西，花能开多久啊有什么用之类，打击了另一半的积极性，之后还要抱怨另一半不解风情、不懂浪漫。

每个人都对浪漫有自己的理解，有自己的方式，如果你不会浪漫、不懂对方的示好，那么起码，对方为你准备了小惊喜、小浪漫，你千万不要泼冷水、摆臭脸、不屑一顾！更不要说：“我好累啊想歇着”、“这是什么能吃吗”、“这得花了多少冤枉钱”……这些话真是太伤人，然后呢，两个人日子过得越来越味同嚼蜡。

这其中，尤其是4数人，偏传统、务实、规矩惯了，很可能就是不会浪漫还不解风情的那个，给自己敲个警钟。不过反过来，你的另一半要是4数人，他们想要的浪漫真就是能吃的或者能用的东西。

05 适度独立空间

适度的彼此独立，绝对是有必要的！没什么人可以接受一天24小时，时时刻刻粘腻在一起不分开，所以，类似于“你为什么不回我微信？我们已经1个小时没微信了。”“你都不想我、不理我！你都一上午没有主动联系我了。”“你是不是根本不在乎我，不然为什么……”这类的哀怨，其实真的挺要命的，虽然这种情况会多发于女生身上，但是现在独立性越来越差的男生也不少，很多女孩子跑来跟我抱怨男朋友太粘人。

尤其是，5数人喜欢随心自由，不喜欢被束缚，所以会格外看重两个人独处的空间。其实所有情侣都一样，适度，会更好。

06 懂得感恩，别吝啬你的夸奖

对另一半感恩吗？需要！需要夸吗？需要！需要！需要！感恩，并不是一句简单的陌生的“谢谢”，而是一种由内而外的表达，真心还是假意，连路人都能看出来，你的另一半看不出来吗？夸奖，就是感恩的另一种有效表达，从早到晚一直夸，自然生活越来越甜蜜。要多多努力的发现对方的好。说句心里话，你的下属、同事工作认真你还会鼓励两句，路上别人帮你捡个钱包你还会说谢谢呢，何苦对另一半的优点和付出那么不以为然，别拿太熟了不需要当借口。

这里面，6数人就是典型的情感索求型的付出，对他们的感恩、由衷的感谢，是他们继续做奉献小天使的动力。可是仔细想想，谁不是这样呢？

07 坦诚，隐婚隐恋会伤人

不止有一个姑娘，跟我说了她们的苦恼：另外一半总是有意无意的在工作中、在应酬中隐瞒自己有另一半的事实。毕竟，秀恩爱这种事大多数男生是不喜欢的，可以理解不会主动去秀，但是如果有人问起你，你还死不承认，可能就会造成不必要的麻烦。

当这种隐瞒招来了蜜蜂蝴蝶，你真的能怪那些不知情的妹子吗？这时候最糟心的，无非就是发现，隐瞒的那一方不管出于什么目的，事态已经发展到自己不可控的地步，而当另一半质疑自己时候，还会淡淡地说："本来就没什么，你不要无理取闹了？"，死不承认。长期的、主动的、影响到感情也死不悔改的隐婚隐恋，的确是不可取的。

尤其是7数人，特别喜欢公平、互不相欠的状态，而且聪明又洞察世事，如果对他有隐瞒那无异于挑战他的底线。

08 为对方改变vs别要求对方改变

为了对方成为更好的自己，同时，不要把自己的意愿强加给对方，甚至以为对方就是你认为应该的样子。最难的，其实就是改变自己，所以千万别指望着他能为了你改，当你不指望的时候，他要是改了，你就赚了，而如果对方不喜欢你的地方，你先做出改变，对方也自然不会好意思让自己太差。为了彼此，成为更好的自己，这是我们能做的，强求别人，则是注定会失望的。

这给很多人一个提醒，掌控欲不要太强，8数人大多数很强势，会无形中给另一半巨大压力，自己还一堆毛病没意识到呢，就要求对方为了你改这个、改那个，不如退一步，都从自己做起。

09“双标”可不行

有个姐姐 W 来找我聊天，吐槽她老公太双标。比如，每年春节前的必演大戏：到底回谁家过年。

W：我在你家过了好几个年了，今年也去我家过呗？

W 老公：咱俩家一个城市，谁家过都一样。

W：既然一样，去我家过一次吧。

W 老公：那不行，你是我娶的媳妇。

W：可是，你姐夫也会陪你姐姐回来过年啊。

W 老公：那不一样，姐夫家离的远………

然后诸如这种，谁对谁妈好一点了为什么对我妈不一样，为什么我回家晚了不可以而你却天天在外面，为什么你看不上谁谁谁的做法自己却那样……说实话，双标真的很伤人。而且，这种连自己都无意识，让外人如何评判。其中，9 数人善良博爱，但是有时候会听不得批评、甚至有点双标，因为觉得自己很伟大、很好。其实反思一下，人无完人。当然，双标，是每个人身上多多少少都会有的恶习，评价别人时候先看自己。

我们往往把自己不好的一面，赤裸裸展示给最亲近的人，可爱情真的经不起你这么反反复复的伤害。当你在这场感情中精疲力尽，回头看，初心还在吗？

第六章　职场沟通技巧大练兵

沟通是一门技巧，很多时候情侣之间吵架、夫妻之间产生矛盾，亦或者同事的相处、朋友的交流出现障碍，都是沟通出现了问题。也许当你知道了不同灵数人的特点后，就会找到更好沟通的法宝。

比如 1 数、3 数、5 数、8 数人都会呈现出好面子、听不得批评的共性特点，沟通时要多夸奖、多赞美、从正面入手表达诉求。可是他们之间也会有微妙的差别，比如 1 数人更喜欢交流直接简单，3 数人就喜欢听赞美和表白，而夸奖 8 数人的时候他会第一时间判断你是出于礼貌的客套奉承还是真心实意。2 数人、6 数人可能需要你主动一些、做决定多一些，而 4 数人和 7 数人，绝对是理性的代言人，只要说的有理就行。

说到底，就是好好说话。毕竟跟谁说话也不能恶语伤人不是？好听的话谁都爱听，只是常常我们会忘记：面对工作中相处时间长了的同事，面对生活中日日相见的最亲近的人，有时候心情不好脾气差、说话不经过脑子，有时候事情太多一时着急而意气用事……于是，我们经常会很懊恼，明明应该有更好的沟通方式，为什么把结果弄的这么糟糕呢？

也许你正在思考自己在职场中如何找到自己的位置，也许你正在带领一个团队想让大家发挥出更大的能量，也许你跟老板汇报工作的时候总是词不达意、没有好效果……作为刚刚入职场的小白，真是处处是难题、遍地皆是坑，应该怎么办？除此之外，也许此时你正在跟你的另一半闹别扭，不知道如何开口道歉；也许你苦守着手机等你的他来哄你、但他却 get 不到；也许你们两个冷战了好多天，谁也没给谁台阶下……看看这一章，会不会对你有更多启发，你们的感情就从此刻开始破冰、和解。

对于一个团队的管理者来说，在一个团队中，让各自有天分的人在各自的位置发挥作用，才能运转顺畅，我们看到有些招聘启事特别有个性，“只要双鱼座”、“为处女座平反”等等，非某种星座不要，其实这样并不和谐，也不是解决之道。一个机器的正常运转，需要各种各样的零件有机配合，有齿轮、有螺丝钉、有润滑剂，如果是一把螺丝钉在一起而没有别的部件，能成为什么呢？这么简单的道理，想想就明白。

所以，人力资源如何为团队找到合适的人？一个带头人如何能让团队和谐相处、产生最大动能？有些是员工要思考的问题，更多则是管理者要思考的问题，知己知彼才能更有效。这一章里，我们就来讲讲职场中人际交往的沟通技巧，若你和某个同事意见不合、工作无法推进，希望看完会有所助益。

来，让我们一起来修炼沟通力、了解你周围的人吧！

第一节　职场中我是什么担当？

1 数人：领队担当、单打独斗

1 数人就像暗夜里的萤火虫、田地里的金龟子，想让你默默无闻还真有点难啊。不想当将军的 1 号人绝对不是好士兵！冲啊 ~

1 数人就是个风风火火、直来直去的人，需要让他们充分发挥个人魅力，才能激发出最大潜能，他们善于作出决定、目标明确，所以最好能够交给 1 数人一个任务后等着收结果就好了，不论是自己完成、还是带领几个人一起完成，不要过多的干涉他们每一步都在做什么、需要怎么做，1 数人最怕的就是麻烦和限制。

当一件事情陷入僵局的时候，如果给 1 数人充分的信任，他们也是容易给队伍注入士气和新鲜的那个，他们善于找到突破口、另辟蹊径，而且他们还是挑战权威的那个，总是试图找到新的方法。

适合 1 数人的工作

1 数人需要一方能够充分发挥自我的舞台，可以是有形的也可以是无形的，凡是能够允许 1 数人有自主空间、独立完成工作的职业都很适合，演员、发明家、导演、销售、医生、个人工作室、摄影摄像，从事运动的话也是那种单打独斗的会好些，比如游泳、乒乓球，再次也是能体现个人能力的，比如足球中的前锋、篮球的得分后卫，不是那种团队中一个、辅助形式的。在职场中，晋升后也可以做团队的负责、项目的总监、自己创业等等，总之越接近独立，会越开心、越能发挥能力。

1 数名人：拿破仑、查理・卓别林、沃特・迪士尼、刘强东、史蒂夫・乔布斯、马丁・路德・金、艾萨克・牛顿、巩俐、章子怡、冯小刚、周星驰

2 数人：配合担当、承上启下

心思细密、多愁善感，没人理你的时候内心戏都足足的，让你写点东西那还不是分分钟的事儿～

2 数人细心严谨，能够发现工作中的疏漏，他们不擅长做决定担责任，但是非常善于协调配合，能把承上启下的工作、辅助的工作完成得非常好，而且他们会用柔和的方式让每个人都感到舒适，所以在团队中非常需要善于与人合作共事的 2 数人，他们懂得通力配合的重要性。

2 数人观察力和直觉都很敏锐，善于分析问题、产生批判，再加上卓越的审美能力，所以特别适合搭配、协调类型的工作，比如服装搭配、家居摆设、安排人事等等。另外，2 数人其实文笔不错。

适合 2 数人的工作

2 数人有细腻的情感、绝佳的审美力，但是缺乏自主性，所以涉及团队合作、与人配合的工作 2 数人都能愉快胜任，比如助理、执行、秘书、顾问等，也适合需要内心丰富情感类的工作，比如侦探、艺术收藏、写作、编辑、护理人员、设计师、人力资源、律师、演员，演艺圈和时尚圈尤其适合 2 数很多的人哦！

2 数名人：王家卫、赵薇、艾玛·沃森、黄子韬、莫扎特、比尔·克林顿、李嘉诚、奥巴马

3 数人：创意担当、艺术感强

天马行空、充满幻想、创造力惊人，3 数小公举随时召唤出平行宇宙中的多个自己，100 个 idea 什么的那都不是事儿！

有的 3 数人会比较疑惑：“我从来都不觉得自己有什么艺术天分啊！”其实这种天分，可以分为鉴赏能力和实践能力，而且也体现在很多方面，除了音乐、舞蹈、绘画、设计这种，也可以在体育、脑洞、动手能力等等方面体现，最起码 3 数人都特别喜欢美好的东西，也喜欢跟外型不错、衣着不错的人相处。

3 数人都很聪明、很有才华、头脑灵活，他们在新的工作环境中能很快适应不同种类的工作要求，学东西很快，也能将学到的技能为自己所用，并不是呆板教条的按章办事、不想变化，论举一反三的能力可是 3 数人最厉害。所以，如果一个团队中需要头脑风暴、策划有趣的活动、文案，3 数人会非常擅长也乐在其中。

适合 3 数人的工作

无论是表达能力还是创造力 3 数人都堪称一流，脑洞很大、又幽默有趣，从事跟艺术、创意、表达相关的工作都会让你如鱼得水，比如音乐、设计、绘画、摄影、建筑、时尚、运动等艺术文体领域，也可以是时尚评论员、公关、广告创意、活动策划等。

3 数名人：奥黛丽·赫本、张艺谋、成龙、黄晓明、宫崎骏、马云、马化腾、王思聪、贝小七

4 数人：财务担当、规则捍卫者

一丝不苟、有条有理，什么算错了钱也不能错好吗？！如果写错一个小数点 4 数人真的会被逼疯呢。

4 数人天生具备能让事情和周围人感到安全稳当的气场，当你们和 4 数人结成团队一起工作时候，总是莫名觉得心中舒服有底，他们是诚实可靠、值得信赖的人。他们在团队中，就像你看到的一样，实事求是、讲究原则，甚至有时候会偏向保守、按部就班，喜欢任何事情都要计划周全、防患于未然。也许 4 数人从事的工作，在别人

看来有些无聊枯燥，但他们却能在其中找到乐趣和安心。4 数人不喜欢有大的波动和没有准备的改变，也不是天马行空能冒出很多鬼点子的人，但是他们精益求精的性格可以让他们发现问题并且稳步改进，所以 4 数人当中也有申请专利成为发明家或者研究学者的。

在同事和朋友聚会、出行的时候，管理公共资产什么的事情就可以放心交给 4 数人，一丝不苟、有条有理，什么算错了钱也不能错好吗？！如果写错一个小数点 4 数人真的会被逼疯呢。另外，制定计划、写时间表这种事儿，他们也非常乐在其中，规规矩矩、四平八稳用来形容 4 数人再恰当不过，不切实际的想法都收一收啊，“老干部”要出场了。

适合 4 数人的工作

拥有理财天分又严谨求实的 4 数人，最适合从事与钱打交道的领域，比如银行、财务、会计、咨询、法律等，也可以从事任何讲究信用、注重安全保障的领域，比如保险、证券、医疗、职业经理人、警察等，4 数人也非常在意事物的运转规律，所以机械工程师、计算机、编程、调查研究、公务员等等，也都很适合。

4 数名人：比尔·盖茨、周迅、李冰冰、李连杰、布拉德·皮特、施瓦辛格、撒切尔夫人

5 数人：社交担当、人际润滑剂

口才超级赞的 5 数人可不是自顾自的叨叨叨，沟通才是解决问题的途径，所以团队中 5 数人很容易就变成了社交中心咯。

不论什么职业、什么背景，5 数人都能够应对自如，他们喜欢接触新鲜事物、对各种好玩有趣的事情都会敢于尝试，再加上口才或文笔一流，所以非常善于处理人与人之间的关系。说到口才超级赞，5 数人可不是自顾自的叨叨叨，他们深知沟通才是解决问题的途径，所以他们能在团队中以最快速度和每个人建交，能和大家都相处得非常融洽，很容易就变成了社交中心咯。同时，外号社交小天后、人际关系润滑油的 5 数人，社交圈子可比你看到的大得多哦，他就是这样神不知鬼不觉拥有好人缘，他们也能在团队中有矛盾、有危机的时候，口吐莲花、润物无声的将矛盾化解，在谈笑风生之间就能说服别人、解开大家的心结，这真的是一种神奇的力量。

因此，5 数人特别适合去做与人接触、与社会产生联系的工作，呆坐在办公室里估计他们就会无聊到崩溃，如果在传媒、娱乐圈他们会如鱼得水，他们也有灵敏的市场嗅觉和判断力，所以也可以是出色的推销员、公关等。

适合5数人的工作

5数人并不喜欢被朝九晚五、条条框框约束，在弹性工作制下其实只要是喜欢的事情，加班也乐在其中。所以5数人适合享有一定自由度的工作，能自己安排工作节奏，并且可以发挥出与人打交道的优势。比如：记者、媒体人、独立工作室、自由撰稿、公关、企业宣传、策划、销售、市场、项目执行、翻译官、发言人等等，也可以在娱乐行业、传媒业、旅游业、广告业、策展等领域有好的发展。

5数名人：毛泽东数肖邦、梵高、王菲、马克·扎克伯格、JK·罗琳、金城武、斯蒂芬·斯皮尔伯格

6数人：奉献担当、知心暖宝宝

洒向人间都是爱，6数人宁可闷头多干活把自己累死，还是知心大姐、暖心叔叔，团队里的心灵治愈师。

洒向人间都是爱，6数人有求必应、责任感爆棚，宁可闷头多干活把自己累死，也绝对不会说个“不”，眼里有活，恨不得所有的事儿都说一句“放着我来！”，而且

6数人都有点完美主义倾向，绝不能让一件事半途而废、虎头蛇尾，交给他们的事情，你就可以把心放在肚子里了。所以在团队当中，6数人也多半处于维护团队和平、配合事情圆满完成的角色。6数人懂得照顾别人、温和善良的天性，很容易让他们变成团队里的知心大姐、暖心叔叔，团队里的心灵治愈师，团队融合的粘合剂。

适合6数人的工作

你可以和别人合作愉快，并且爱意满满，所以你也特别适合从事带有一些奉献和服务性质的行业，包括医生、咨询顾问、教师、社会工作者等等，他们需要从一种“被需要”感觉中找到自我存在的价值。另外6数人对于哲学和心理学也会很有天分，所以心理咨询师、占卜师、哲学家也都适合，还有装修、厨师、家居设计这些能为别人营造温暖感的工作。

6数名人：沃伦·巴菲特、约翰·列侬、张国荣、梁朝伟、郭敬明、迈克尔·杰克逊、托马斯·爱迪生、章泽天

7数人：技术担当、讲究公平

好学习、好钻研、好思考，这么个“三好学生”妥妥的技术担当啊！

7数人在团队中可能显得有一些高冷安静，但是他们却能一眼看穿问题所在，而且会非常诚实，要么不说、要么就实话实说，开会的时候，对于讨论的事情总有疑问、总能提出真知灼见的，也往往是7数人，想让他们迂回一点、圆滑一点，不太可能，而且对于其他他们看不上的人，也不会装出好脸色，显得心高气傲，所以不了解的人可能会觉得他们不容易接触、无法接受。正因如此，7数人也非常适合做评论家或批判家、自由撰稿人等。

事实上，7数人一点也不介意独自工作，一点也不害怕寂寞，他们对于自己想做的、喜欢的事情，可以沉浸其中、花很久的时间来研究，他们的思维能力和逻辑推理能力超群，也非常适合从政，或在法律、公安等，需要保持立场、追求真理的领域工作。

适合7数人的工作

你最适合需要脑力劳动、钻研精神、有单独的时间和空间独立思考的工作，而且最好是和喧嚣吵闹的环境保持一定距离，比如科学家、技术员、学术研究、工程师、计算机、医药，7数人也有很多演员，但是总显得是演艺圈的一股清流，不炒作、磨练演技那种。7数人也适合讲究公平公正、追求真理的工作，比如老师、哲学家、侦探、律师、评论员、自由记者、撰稿人等。

7数名人：戴安娜王妃、玛丽莲·梦露、李小龙、李安、霍金、韩寒、张朝阳、李彦宏、周润发、鹿晗、俞飞鸿

8数人：商务担当、巧手匠心

霸气侧露、目光独到，征战商场、所向披靡，8数人的野心小火苗可是一直在燃烧呢。

8数人有一种神奇的能力，仿佛能够比别人提早一步看透事物的发展，独到的目光，再加上出色的商务谈判能力，在团队中会慢慢显露出组织能力和领导力，哪怕是初来乍到，他们也是容易被挑选为领队的人选。他们会在适当的时候释放能量，平时愿意深藏不露，平易近人和霸道强悍只是一瞬间的事情，所以很多8数人最终都可能成为了团队领导或霸道总裁。

8数人外表忠厚可靠、内则野心勃勃，但很神奇的是居然都很诚实，非常讲究哥们义气，也懂得时机不到、不要过于招风，所以不知不觉地会变成“幕后大哥”的感觉。

适合8数人的工作

其实适合8数人的工作非常多，几乎没有特别不适合的，但是工作性质必须是能够让他们有一定的自主性，能充分发挥出个人能力、实现自我价值的工作，比如完成一个又一个项目、产生一个又一个作品等等，8 数人这种对市场敏锐、能屈能伸的性格，适合一切开疆拓土的事业，小到自己开店做生意，大到征战商场，都很适合，包括银行金融业、经纪人、企业总裁、政治人物、经商、独立创业、演艺行业等。另外，如果 8 数人特别潜心钻研某个工艺，也特别容易出现匠人，8 数人中的匠人和手工艺人还不单单是专注做物品，商业头脑和市场嗅觉，会让他们能成功的做出一个品牌或找到商业模式。

8 数名人：伊丽莎白・泰勒、范冰冰、乔治・阿玛尼、汪峰、何炅、毕加索、安德鲁・卡耐基、韩红

9 数人：人事担当、和平使者

一个团队中怎么能缺少安静和温暖，9 数人在默默发光发热呢

服务周到、协调能力强，在一个团队中 9 数人做人力资源、后勤保障那真是可以放一百个心。他们可以让周围的人感到舒适温暖，大家都在高谈阔论、尽兴嗨闹的时

候，旁边总有一个人安安静静、关注着大家的人，多半就是9数人，他们的微笑很温暖，他们说的话很合时宜。

其实，9数人心中有自己的理想，有自己坚持的事情，就像只属于自己的秘密花园，所以他们总显得那么与世无争、那么好脾气，随和、安静、适应能力超强，都是大家对9数人的评价，而且他们对于任何要求和岗位都能迅速学习掌握，不一定多么出色，但一定不会给团队增加错误和麻烦。

适合9数人的工作

9数人能与所有性格的人和平相处，不会让人产生压迫感和敌对意识，而且能妥善处理各种矛盾，这种包容平和的力量让他们会在所有服务行业和与人相处的岗位发挥力量，比如人力资源、医生护士、环境保护、心理咨询、提供技术支持、服务行业等。扶老携幼、救助小动物，9数人走到哪里都是满满的正能量，天生就极其富有大爱和同情心的他们，也特别适合从事一切与公益相关的工作，不论是业余时间做志愿者、义工，还是专职投入到公益领域、医疗救助、哲学宗教、神职人员、文化工作等，都非常适合。

9数名人：圣雄甘地、猫王、李亚鹏、葛优、周杰伦、克里斯托弗·诺兰

第二节　与不同人的沟通方式

沟通，真的是一门艺术，虽然这短短的篇幅不能面面俱到，但是也会对你跟同事、朋友、另一半、老板的沟通提出注意事项，尤其是掌握了老板、客户、合伙人们喜欢什么样的沟通方式，不论是汇报工作、升职加薪，还是走上人生巅峰不都指日可

待了么。

与 1 数人的沟通方式

要点：以柔克刚、简明直接、避免硬碰硬

大忌：让 1 数人当众下不来台你就死定了

1 数人是典型的软不吃硬，非要硬碰硬的话一定没有好处。1 数人具备王者风范，有时候也像个孤独的将军，由于过于自我、自以为是、固执己见而没有亲近的、敢于说真话的人，跟 1 数人沟通时，要让他们明白这件事情的利弊、自己能得到什么，尽量简单明确、直奔主题，不要东拉西扯、拐弯抹角，更不要耍心机，1 数人耿直坦率，不喜欢处心积虑。

不论是和 1 数恋人，还是 1 数朋友、同事、领导在一起时候，一定要注意，千万给足面子，千万别让他 / 她当众下不来台，就算有矛盾有问题，咱们私下两个人的时候，你再有条有理的把自己的不满和意见说出来，1 数人才会因为你刚刚的忍耐和包容而心存愧疚。而且 1 数人或者 1 数过多的人，基本都是大男子主义 / 大女子主义的代言人，会跟你据理力争、绝不服输，当你们因为什么事情争执不下的时候，你不妨以退为进、以柔克刚，但是记住，一切出于真心，切勿过于工于心计而失掉了坦诚，1 数人可是眼里不揉沙子的。

如果你的老板是 1 数人，那么风风火火耿直属性的他，当然也喜欢简单直接的你，如果你想在 1 数老板面前拐弯抹角、藏心眼，那么老板可能暂时发现不了，但一旦发现你的人品有问题，那么就相当于你被判了死刑，1 数老板最讨厌团队里有乱起八糟、勾心斗角的事情，你有什么要求可以直接表达，千万不要动歪脑筋。另外，1 数老板都会比较自负和自恋，经常会让人感到不容置疑、比较霸道，你让他们认可你的能力、看到你的闪光点的同时，请你一定要对 1 数老板时刻报以走心的崇拜和尊重，经常跟他汇报工作，因为他的掌控力比较强，在他没有完全交给你自主行事的授权时，你不要擅自作主、自作聪明，更不要让他们觉得你是一个不服管、随时想造反的员工。对了，在适当的时候、人多的时候，对老板的决策表示认同、稍加赞赏，会让老板很开心，但是别太过头了有拍马屁的嫌疑。

与2数人的沟通方式

要点：不要有太多选择，不要产生歧义

大忌："这事儿我不管了，你自己决定吧！"

与2数人相处你会发现，他们不太擅长自己做决定，在工作中体现为认真听取很多人的意见，在感情上，就更加是没有主见、依赖性强的代表，喜欢凡事由你来做主导，你可以有点霸道总裁、你可以有点小任性。小到今天晚上吃什么，大到结婚是传统又别具风格的中式婚礼还是唯美浪漫的西式婚礼，选择恐惧症和纠结的特质真是无时无刻都在2数人身上体现。所以跟他们沟通的时候，如果发觉了对方的犹犹豫豫，也别跟着动气较真儿了，不算什么大事情就你直接拿主意吧。也不要试图给他们一堆选择然后不管了，哦天啊，你是想逼死2数人吗？！

2数人也经常会在做出决定后又立刻后悔，"如果那样是不是更好呢……"，要知道，任何一种选择都是有利和弊两面，选择了就是最好的！所以，当2数人跟你抱怨你做的决定不好、可能那样就更好了之类的时候，也不要往心里去，跟他们说明白道理，告诉他们另一种选择的弊端。好在，2数人也听劝的。

2数人大多内心敏感、小心思比较多，所以不要说一些模棱两可或者含沙射影的话，让他们胡思乱想，也不要让他们感受到自己被排挤、受到威胁，时刻要用语言给2数人信心和肯定，还有，微信及时回、电话别莫名不接或挂断，明知道会产生麻烦何必给自己找不痛快？2数人像开在温室里的小花，允许他们在适度范围内依赖你，就能和谐共处，他们自然也会开出美丽的花朵令你心情愉悦。

如果你有一个2数老板，那真要恭喜你了，因为这可是非常贴心温柔、处处为你着想的好老板，基本上你不要把你的老板惹毛了他是不会把你怎样的，但是 2 数老板可能也会出现下决定时候过于慎重，有时候你拿出了提议和方案他们那边却迟迟没有动静，其实你需要的是，作为一个员工给出一个比较明确的建议。当然了，如果你要跟老板谈升职加薪的话，说话方式尽量委婉、目的却要明确，一次最好只谈一个诉求。

与 3 数人的沟通方式

要点：花式夸奖、在表扬中获得满满动力

大忌：不要拿他 / 她比较，比如“你看那谁谁家小谁就比你强”

3 数人就像个长不大的孩子，最听不得批评，尤其在他兴高采烈、正为一件事儿得意的时候，你要是呼啦泼一桶冷水、或者立刻指出不足，那 3 数人的脸真的比变天还快，而且会备受打击。和他相处最重要的是经常夸，夸夸颜值、夸夸能力、夸夸你能夸的一切，没关系，不要觉得自己这样说话会显得比较浮夸不真实，3 数小公举的内心其实特别特别喜欢听到夸奖，尤其是“独一无二”的重要性！其实 3 数人兼具了 1 数人的自恋和 2 数人的自卑，如果你说他不如谁，他一边会非常不服气，同时也会暗自怀疑自己，表现出来就是跟你黑着脸、不高兴。

当 3 数人开始喋喋不休时候也不要正面回应，因为孩子就是经常失去理智、非要争出个高下，口舌之争让一让他又何妨？不论是朋友还是同事，3 数人可能都是爱耍小性子那一个，等大家都冷静了，再好好把话说开，而且采用正面引导，比如“如果你……，就会更好了”这样的句式，会比“你为什么不那样做”更好。然后最好再描绘出一个美好的未来，就算幻想和童话的成分多了点又怎样呢？3 数人喜欢生活在更美的故事里。记住，3 数人就像个心思恪纯的孩子，逆反心理重，先让他尝到甜头、心里舒坦，再说什么可能都会好很多。有时候他们越跟你闹、跟你置气，也表明他们越在意，只是在求关注而已，他们胡搅蛮缠的想要一个东西，也许只是为了试试自己在你心里的重要性。

如果你的老板是3数人，那么他可能会喜欢跟你玩到一起，你也摸不准他的喜好，只觉得这个老板也挺有趣的，他做事可能比较看心情，会欣赏特别有才华的人，所以当你有诉求的时候，首先要静静聆听他们说的话，准确知道他们想要什么，希望你做什么，然后最好在你的老板愁眉不展时候你能帮上大忙，他一高兴，你受到提拔就不远了。

与4数人的沟通方式

要点：分析利弊，从务实角度出发

大忌：说大话、不切实际的空头支票会被立刻揭穿

4数人是天生的精算师，对金钱和物质的敏感会让他立刻拆穿你的不切实际，而4数人本身也最在意安全感，他们可能会经常显得过于按章行事、拒绝改变、不懂变通，那是因为你没有明白他们的需要，4数人的按部就班只是为了维持事情的原貌，害怕出现更糟糕的情况。

而与他们沟通时，如果能分清利弊，摆出大量的事实，尤其是让他们看到，花更少的钱、更省力，能更好地达到效果，沟通时候注意数据、性价比、实用性等关键信息，他们就会愿意试试，同时告诉他们如果不改变、不那样做，会有什么样的后果。

如果两个人在生活和感情中出现了问题和矛盾，4数人也是喜欢找出解决方法，希望以后能杜绝这种问题的再次出现，绝对不喜欢稀里糊涂的含糊过去，更不喜欢不切实际的画饼、说大话。4数人这时候和3数人可是大大相反，他们既不会说一些花言巧语讨人欢心，也不会听进去那种可有可无的废话，他们要的是，实事求是！有时候两个人都在气头上，你会觉得他为什么显得不近人情，不会哄人也就罢了还固执不听哄！其实4数人只是觉得吵架是耗费心力的、是不值得的，他并不希望这种内耗再次出现，直接讲点实际措施就好了。

当你的老板是4数人的时候，同样地，他们喜欢充分而翔实的可行性计划，

并不喜欢听高谈阔论和不切实际的忽悠，如果你给他呈递的报告、方案，都有planA、planB，并且有理有据、条理清晰，他们会觉得赏心悦目。他们非常注重效率，所以汇报工作、提出要求等等，一定上来就目的明确，尽量按照“第一、第二、第三”这样的逻辑顺序来说，更重要的是，说明白要不要花钱、花多少，理出性价比。比如你想跟4数老板提加薪，光打感情牌是没有用的，你可以拿着N个表格、绩效总结，然后提出一个合理范围。总之，让他们觉得给你加薪升值是一笔划算的买卖。

与5数人的沟通方式

要点：多一点空间和自主权，多一点fresh

大忌：“你发誓、你必须、你一定、你不能……”

谈规矩？算了吧。在工作和感情中，5数人都有点像那个刚刚从监狱放出来的人，非常害怕自己失去自由、非常抵触条条框框的约束，渴望随心所欲，也会偶尔有逃避责任的一面，对于自己感兴趣的喜欢的事情，加班加点拼命也不在乎，不喜欢的，简直分分钟想逃跑，能对付就对付。5数人对于一切侵犯自己隐私、自由、权力的动机和可能都比较抵触。所以当你和5数人沟通时，不能上来就是一副教官、教导处主任的样子，给他规定出一二三四，而是用一种平等对话的语气，而且充分听听他的道理，不要让他失去基本的发言权。

5数人本身就是一个优秀的沟通者，所以通常他不会令不愉快产生，还是很讲道理的，所以你要想说服5数人，需要用事实证明。最重要的是让他了解到一个宗旨，就是“你不会被操控、你不会被限制、你不会被剥夺权利”。另外，也不要逼迫5数人做出承诺，没有喘息的紧紧相逼只会适得其反，5数人的确喜欢自由自在、不受约束，但通常他觉得时机成熟时会主动承担该承担的，否则逼迫只会让他逃离。

而且可以用很多新鲜有趣的事情、新开辟的项目和任务让5数人感到新奇，日复一日的重复会令他们失去斗志。如果你想找 5 数人谈一些大事，或者好好的沟通，不妨换个环境，同事之间可以去一个从没去过的、环境舒适温馨的咖啡店，或者一家不错的饭店，吃吃喝喝之间把问题聊聊。情侣之间可以来一次周末的短途郊游或自驾游，在海边、在草地都可以是谈心的好地方，如果有时间有精力更可以在旅行中敞开彼此心扉。

与 6 数人的沟通方式

要点：求帮助！需要你！I need U！

大忌："你别瞎操心了行不行？！"

6 数人的安全感来自于无时无刻的"被需要"的感觉，而且最重要的是，要对他们的付出有反馈！你要真心的表示出你的感激、你的快乐、你需要他们的感觉，并用丰富的语言说出来，因为 6 数人的付出是需要回报的，这个回报就是你的感激。不管是对待同事、朋友还是恋人、夫妻、父母，只要对方有 6 数，通常都是喜欢帮助别人、责任感爆棚，但是对方如果是 6 数人或者 6 数上圈很多、深受 6 的影响，那么就更是有求必应，而且对于自己的付出耿耿于怀，如果你选择视而不见，他甚至还会经常的拿出来挂在嘴边。

所以，和 6 数人的沟通方式就是告诉他，他有多么重要、多么有帮助，必要时候选择示弱，不开心求抱抱嘛。开头第一句话可以是"最近我好不开心啊，我有事想跟你商量"，这样你自然会达到你的目的。但是，千万不要试图指导 6 数人的行为方式，那样他们会觉得自己又不被需要了，也不要说"你不要多管我的闲事""这事儿真是不用你参与"，那样真的很伤他们的心啊，如果真的不需要，可以给他们找点别的事情转移一下注意力嘛，让他们感到自己能发挥更大的作用、能帮助你解决更多事情，而且也会全力以赴，何乐而不为呢。

6 数人真的非常需要得到来自他人的回应，这是一种对他们付出的尊重和感谢，也是滋养他们继续做爱心小天使的养分，虽然这样确实会让别人觉得有点累。如果你的领导是6数人，那你简直要幸福上天了，这样的领导又体贴、又心软，有求必应，多好啊！但是你也要记住，真心换真心，就因为6数领导会把自己的员工时时刻刻放在心上，你才不要做让他失望、对不起他的事情，他们更在意感情的回报，在意他们带领团队的成长过程，即便你跳槽了，也不要伤害6数领导的心，要对他们的帮助扶持心存感激。

与7数人的沟通方式

要点：在质疑和讨论中找到平衡和真理，千万别动气、别较真

大忌：“这事儿就这样，哪有那么多为什么！”

7数人喜欢发问、喜欢刨根问底、喜欢思考和研究，在沟通过程中，这真的不是他们有意挑衅或者没事找事，很多人会反感这种发问和质疑，同事和朋友会心怀不悦，情侣之间会聊着聊着莫名的火药味十足，吵架和争执就在所难免。在这点上，7数人的确有时候显得不够圆滑、不够讨喜，凡事都想了解个究竟，甚至追问起来常常只为真理而忘记分寸，殊不知很多事情就是说不清道理，尤其是在人情世故和感情世界中，更是没有道理可言。

和7数过多的人沟通，也不是没有技巧。首先摆正心态，不论你说出什么，都要准备好他们随时会提问、会质疑、会挑战你，你可以做好充足的准备抛出你的观点和事实依据，如果理论不够充足也没关系，不要急着辩论出个谁是谁非，而是提出问题、引导问题，反过来让7数人参与其中、帮着分析，他们就会乐在其中甚至忘记了最初的不悦，而你也说不定会从中得到启发。

反过来说，跟7数人沟通的大忌就是直接丢出来一个结论或者不得不为之的事情，而不给他们任何讨论和发问的空间，以一句“没有为什么”“不要啰嗦了”来搪塞，如果你是他们的领导，说不定他们都会毫不顾忌的反驳，况且是同事或朋友呢？

这也会大大增加他们心中的不快，表面上答应了也会背地里不服，伺机旧事重提。

而如果你的领导是 7 数人，那么他们会心高气傲、非常高冷，对于你的愚蠢和奉承十分厌恶，所以你不要试图去跟一个 7 数老板套近乎、多热络，只要好好做好你的本职工作，并且要时刻带着脑子就好了，千万不要做愚蠢的事情，不明白就多问、多学，勤能补拙总不会出大错。

与 8 数人的沟通方式

要点：有事说事，不要以为阿谀奉承或示弱就能蒙混过关

大忌：耍横不好使，“我就这样，爱咋咋地”就呵呵了

8 数人大多内心坚强霸气，所以会有意无意流露出占有欲、领导欲，让人感到压迫感。其实 8 数人大多讲义气，对朋友非常讲究道义，在感情中隐忍坚韧，有点黑社会大哥的感觉。他们通常对事不对人，有原则、有底线，在沟通的过程中，只要你不触碰他们的底线、不挑战他们的原则，8 数人是不会发脾气的。

对于感情，8 数人也往往像在商务谈判，如果两个人发生了争吵，那么不要无理取闹、不要无休止的做无意义的事情，只要说清楚这件事的来龙去脉、彼此的理由是什么，如果需要 8 数人改那么他们能得到什么，就可以了。8 数人比较在意一种共同成长的过程，他们希望自己的恋人不仅仅是情感上的伴侣，还能是合作伙伴、知心朋友、工作拍档等等很多角色，你不够好不要紧，这只是暂时的，但是“弃疗”就是你的不对了！我们要为了彼此做更好的自己啊！

8 数的老板的确有点不好“对付”了，虽然 8 数人爱面子，但是他们会在第一时间判断你说的话是阿谀奉承、别有用心还是真心实意，极端的 8 数人会沉迷于功名利禄带来的虚无和伪善，但大多数 8 数人并不喜欢不走心的赞美，因为毕竟 8 数人都是天生的商人和谈判家。有事说事，不要让他们觉得你另有所图，那样会提早筑起沟通的高墙，实话实说，最好是想要什么、需要他们做什么，大家的责、权、利都摆在台

面上，即便是“司马昭之心”也坦白说出来，这样反而能博取他们的信任和好感。同时，8 数老板极其看重义气，他希望员工能够忠心，更在意员工与公司的共进退，如果让你的老板看到你的忠心、坦诚，那么他会非常器重你。

与 9 数人的沟通方式

要点：营造轻松愉快的讨论氛围，不知不觉达到目的

大忌：过于直白、赤裸裸谈钱

沟通技巧上来讲，9 数人和 8 数人正好相反，8 数人喜欢直截了当，因为他们就是精明能干的商人，绕什么弯子啊谁也不是省油的灯。9 数人不同，他们是乐观博爱的理想主义，有点不喜欢人间烟火，赤裸裸的大谈目的、金钱、权利会让他们不舒服。

与他们交往共事，要明白这点：这是一群无私博爱的理想主义，骨子里有一种固执，他们通常有自己的信仰，这个信仰不见得是宗教，也可以是一个理想、一个目标，你要去理解他们的世界、要尊重他们的信仰，你可以问问他们的理想、计划、目标是什么，然后真心实意的帮他们扩充、丰满这幅蓝图，在这个过程中表达自己的想法，就自然而然了。9 数老板也是最讲究情怀的老板，所以他总是在跟你共同筑梦，你要想让 9 数老板高兴，那么一定要认同他的价值观和理念。

在感情中，9 数人是最为浪漫的，而且他们喜欢别人懂他们的浪漫、和他们一起浪漫，同时他们还会要求恋人尊重和欣赏他们的梦想，最好的就是为了这个梦想共同努力。所以平时的交流和沟通中，千,万，不，要，打击他们的理想！不要对于他们的梦想嗤之以鼻、打击批评，如果你想帮助他们、提醒他们脚踏实地，那么可以在一种轻松的讨论氛围中慢慢渗透你的观点。吵架了？不要紧，只要浪漫唯美、花点心思营造个氛围，可怜兮兮道个歉就好了，9 数人不会跟你分个是非对错、争个你死我活，他们心软、善良、富有同情心，通常你只要好好道歉他们就会立刻不生气了。

第七章　亲子——孩子的世界你不懂

每一个孩子都带着善良和懵懂来到这个世界上，就像一块璞玉，如何通过工匠的巧手和匠心，让这块璞玉变成美玉？急不得，也等不得，着急了可能会适得其反、打压了孩子本来的天性，等久了孩子长大了、性格形成了，才捶胸顿足说没有教育好，就为时晚矣。

通过前面的工具篇内容，你可以很好的把孩子的天赋、性格特点找出来，这时候要做的就是开始思考如何教育宝宝了，让他们的天分能够得到充分释放，让他们的性格不足得到修正。做爸爸妈妈的，当然都希望把最好的给自己的宝宝，所以有时候会过于关注孩子灵数中缺失的部分，非常惆怅，其实大可不必如此，在空缺数那一节我们详细解释了，每个数字组合的好与坏。在这里还是要强调，没有任何一个数字是绝对的好或坏，也没有任何一种灵数图能做到真正意义上的十全十美，所以不必太过介怀。

作为父母，最难的，反倒是接受孩子本来的样子。

只有充分发挥他们的潜能和优势，才不会让孩子性格扭曲、产生怨怼。也许他淘气闯祸是为了引起你的注意，也许他乖乖的坐在那里练琴心里却在造反，也许他表现出来的种种并不代表真实的他，你以为孩子什么都不懂，其实他才觉得那个什么都不懂的人是你。父母和小孩之间，似乎在玩一种“权力的游戏”，总在暗自较劲，我们都在说要和孩子做朋友，可是真正能做到的又有几个？很多时候，我们会因为不满自己父母曾经的教育方式，而暗自发誓："我一定不会对自己的孩子这样。"结果当我们盛怒之下说出某句话时，也会让自己猛然一惊，那不就是曾经自己最讨厌的话吗？怎么就不自觉地用在了孩子身上。说别人容易，自己做起来难，这是人之常情。

对自己的小孩，也要给予充分的尊重，千万不要把大人的那一套过早的代入给孩子，而且无时无刻都要谨记：说话算数、以身作则。做父母真的是一门苦差事，当你给了自己小孩充分的耐心和尊重后，你会发现原来自己很多时候还不如孩子，他们真的也在教会我们很多。说到底，希望每一个家长看完这一章节，能更了解自己的宝宝，**教育更在于如何引导，不要违背孩子的天性，让他们的长处更充分的发挥，不足的地方稍加注意而不是矫枉过正，让他们真正的快乐成长**。我不是教育专家，如果看过后对你有一点点启发，就足够。

另外，我在给很多人做咨询的时候，尤其是30出头的女性，会问我类似的问题："我和另一半实在过不下去了，就是怕离婚影响孩子，有什么建议吗？"是的，究竟是给孩子一个每天争吵支离破碎、只维系表面完整的家这种来得伤害大，还是让孩子跟着一个努力生活的单亲妈妈伤害大，这两者到底如何两权其害取其轻？

我会告诉所有人，原生家庭的不完整是一定会对孩子产生影响的，不要自欺欺人了，也不要拿王菲和李亚鹏的例子来反驳我，第一，你不是王菲，第二，你不是窦靖童和李嫣。王菲和李亚鹏的的确确为孩子倾注了很多很多爱，而通常我们普通人，离婚后很难继续做朋友，那种偶尔为了孩子而不得不举行的聚会活动，气氛中飘扬的尴尬和不情愿，你们以为可以遮掩的很好，其实孩子敏感的内心会更加受到伤害。

孩子的成长，说到底，除了与先天性格有关，更与父母的陪伴和给予的爱息息相关。"孩子是父母的镜子"这句话，我的理解是，父母对孩子投入了多少爱，孩子就会回馈给你们多少美好。所以，"陪伴，是最长情的告白"，这句滥俗的话，并不只是给你的恋人，更要给你的孩子。

1 数宝宝：独立勇敢的小天使

1数宝宝性格直率独立，最好给他一个独立的空间任他创造自己的小王国

宝宝特质：孩子王、不怯场、目标明确、心怀大志、求关注、特立独行、不喜从众、不拘一格、挑战传统

如果你有一个 1 数宝宝，你既会感到非常骄傲又会偶尔头疼，因为他们天生就不会被埋没于人群当中、像个骄傲的小领袖、很有自己的想法，不按常理出牌，你让他往东他偏偏向往西，你让他不要做什么他偏偏去做，他们的目标都很明确，喜欢一件事、认准一件事就会去做，十头牛都拉不回来，而他们不喜欢的也无法勉强，他们会明着暗着跟你较劲。

1 数宝宝从小就是那个小狮子王、孩子头，不管什么时候都会有很多小朋友愿意跟着他玩儿，他们要么自己一个人、要么就是当老大，当然也不会按照既定的套路好好玩，他们一直想着如何玩出花样、如何与众不同、如何能做出点一鸣惊人的事情。因为 1 数宝宝特别需要别人的肯定和关注，他希望自己是很耀眼的那一个，如果他在求关注的时候受到了忽略，那么他可能直接上房揭瓦、闯出更大的祸，其实他就是在无时无刻的寻求注视的眼光而已。他们的小小自尊心可是非常强呢，不要在他们仰着小脸、洋洋得意的时候，一盆冷水浇下去、告诉他们“你根本不行”，这样孩子会非常受打击，他们太需要你的鼓励了。

所以1数人从小到大都不是令人省心的一类，一味的强迫和压制也根本起不到什么意义，一味的纵容又让他们容易自私自大、目中无人，但其实如果好好引导、投入额外多的耐心，1数宝宝很容易闯出一番天地。

教育策略

1. 不要强迫、要充分关注

1数宝宝天生需要被关注，许多许多许多的关注！他的第一次画画、第一次写字、第一次唱歌比赛这些令他骄傲的事，还有第一次挖泥巴、第一次打架、第一次把家里电器拆了等等这种调皮捣蛋的事情，你都需要投入满满的关注！当他兴高采烈的来找你，哪怕这件事儿你认为有很多不妥当，也千万不要立刻指出来，而是要让他知道，这件事令你很骄傲。1数宝宝的教育方式，就不要太多常规和限制了，“越淘的孩子越出息”说的就是1数宝宝，不要试图上来就规范他应该怎样做，他会非常逆反，而是在日后慢慢引导，比如“如果能……说不定更好……”然后让他们一次次增强信心。1数孩子会在注目和掌声中越做越好，而每次给他们增加一点点难度和挑战，会让他们兴趣倍增。

而1数宝宝永远不服输，如果失败了他们会倍受打击，但是一点点鼓励和激将法会很有效，单纯的夸赞和支持他们不感冒，而是最好有一个“假想敌人”，打败那个“坏蛋”你就是最棒的、难道这点小事儿你就怕了吗？……这样会让他们重新燃起小小斗志。

2. 诚实勇敢是一生的美德

1数宝宝道德感和正义感十足，所以千万别让大人的观念抹杀了孩子诚实的美德，即便我们知道，也许这样耿直的性格会让他吃亏，但是也不要教他撒谎或为了达到目的而夸大其辞，不要因为怕事而颠倒黑白，父母的言行若不一，会让孩子陷入困惑，在他眼中还学不会太复杂的世界观。实事求是、诚实坦荡，是1数宝宝的魅力，也是勇气的原动力，不要破坏他们。

同时，培养他们的荣誉感，1数宝宝喜欢独一无二，喜欢令人感到骄傲的东西，甚至需要一个偶像、一个目标。比如代表胜利的球衣，代表荣誉的小红花，其他人都不在意的光荣榜他们也会很在意，当他们完成了一个目标或者一件事，就给他们相应的奖赏，并且告诉他们这是努力所得，跟别人的不一样，他们会更有前进的力量。

3. 学会分享、合作

宝宝的领导力是与生俱来的，但是可能会缺少合作和分享精神，天生不求人，变成了独行侠，如果教育不当反而会让宝宝产生逆反或自私心理，而过于溺爱和听从又让他们成了唯我独尊的小霸王。所以要让他们慢慢形成开放宽容的心胸，接纳身边的人，也可以多参加需要团队配合的运动或活动，告诉他成功有时候不能单靠一个人，荣誉也来自一个集体、来自大家的共同努力，也要养成把好东西乐于分享给别人的意识，大家在一起高高兴兴你也会收获更多的快乐。

2数宝宝：温柔细心的小天使

2数宝宝敏感缺乏安全感，需要很多很多的爱和呵护

宝宝特质：人缘好、爱和平、安静、倾听、善变、感情丰富、观察力强、依赖性强、不愿出风头、没主见

2 数宝宝从小就有能深入人心、情商超高的特点，他们特别会哄人、善解人意，喜欢和平、心思活络、观察力很强，经常你会觉得他虽然什么都不说但似乎特别懂事。当一群小朋友一起玩儿的时候，相对安静的、没有太多反对意见的那个，可能就是 2 数宝宝，他们喜欢与人配合，具备一种吸纳的力量。

2 数宝宝感情十分丰富，从小似乎就特别会哄家长开心、能看出来你高兴还是不高兴，他虽然安安静静在你旁边，但是眼睛骨碌一转就知道你在想什么了，小小的内心却十分敏感、有深入人心的能力，他能知道你为什么生气、为什么喜欢他，所以会做很多事情讨你欢心，他也能在你难过的时候走过来安慰你，十分善解人意。他们也常常能够关注到别人看不到的细节，所以有时候冒出来的一句话可能不合时宜，却非常有道理，因为他们能敏锐的捕捉到问题所在。

同时，他也是依赖性十分高的宝宝，喜欢像个树袋熊一样挂在你的身上、恨不得 24 小时让你陪着，也会过于没有主见，不知道应该如何做决定，你帮他选择的衣服、玩具他好像都喜欢，但你不知道他到底是不是真的喜欢，你总在担心，这样的宝宝出去一个人行不行，为什么不能勇敢一点。别着急，宝宝的成长要慢慢来，这时候你不能过分的保护他们、让他们彻底变成温室里的小花，也不能着急把他们推出去、丢到野外，因为他们还不具备承受风雨的能力。

教育策略

1. 培养决断力，切勿操之过急

即便是吃什么、买什么，2 数宝宝也不会自己做主，其实你就可以从小事开始做起，比如领着他们去买衣服，让他们挑选自己喜欢的样子，这是第一步，接着可以让他们尝试去与售货员沟通、去自己交款，当然了他们最开始是不会的，所以不要操之过急，可以经常带他们去同一个商场，每次都鼓励他们，当他们对这里熟悉了就会有那么一次，勇敢的迈出脚步。小事做好了，可以发展为大事，从宝宝喜欢的玩具、零食，到周末去哪里玩儿、上什么兴趣班，再到家里买什么样的家具、去哪里度假，都可以让宝宝多多参与决策，在这个过程中，让他们忘记自己的优柔寡断。

2. 不要哭，自己的事情自己做

有的婴儿生来就爱哭，除非大人抱着才能安然入睡，可一放在小床上就又不开心了，这样的宝宝很可能就是2数宝宝。当然了，他们还是婴儿的时候，你无法跟他们讲道理，还是多抱着吧，可当他们慢慢长大，还这样什么都不会自己动手、一点离不开爸爸妈妈、情绪化太严重了，怎么办呢？

2数宝宝多愁善感、爱哭。在《爸爸去哪儿》里我们看见的田亮的女儿田雨橙，就是典型的2数宝宝，可爱的森碟生于2008年4月15日，灵数是20/2，温柔、善良、乖巧，依赖性特别强，第一期节目更是充斥着森碟的哭声，必须一直让田亮抱着哄着，把田亮哭到崩溃、手足无措。

其实宝宝哭有很多意思，他们不理解大人，同样大人也不理解宝宝。这是因为敏感的2数宝宝在面对新环境的时候有不安和恐惧，而宝宝又无法表达自己内心的感觉，只知道不想离开爸爸、不想做任务，只想哭。随后，森碟却“女汉子”一般让所有人刮目相看，在不得不离开爸爸做任务的时候，她知道自己要照顾更小的妹妹，天生温柔、懂得照顾别人的天性让她自己忘却了恐惧和依赖，让她开始勇敢、让她乐于帮助别人的闪光点释放出来，随后她的表现得到了爸爸和所有人的鼓励和夸奖，她就开始更有信心、更有动力，最后简直成为做任务小达人，这种蜕变也收获了大家的喜爱。

所以，森碟的例子给了我们一个很好的示范作用，对于2数宝宝的教育方式，就是让他们自己的事情自己做，如果完成了哪怕一件小事，也要给予充分的鼓励和表扬，如果不行还可以让他们从照顾别人、完成家务、帮助比自己更弱小的人开始做起，会唤醒他们照顾人的力量。

3. 勇敢一点，表达自己

2数宝宝具有很好的协调能力、接纳能力，会认真倾听每个人说的话，而且心思细致、观察能力强，让他们具备不错的审美能力和文字天分，如果宝宝想安静的画画、想写日记，都不要干涉和打扰，他们本来就缺乏安全感，不要去破坏他们自己内心的小秘密，千万不要做窥探孩子隐私的专制父母，好吗？接着，如果你观察到孩子不太喜欢什么，也不要强加给他们，而是耐心的询问，让宝宝表达出真实的想法，也许最开始他们并不会表达，只是怯怯的摇头、点头，别着急，慢慢来。

3数宝宝：聪明漂亮的小天使

3数宝宝创造力十足，需要很多陪伴和很多赞美

宝宝特质：创意多、爱美、艺术天分、伶牙俐齿、聪明、活泼、任性、脆弱、想象力

如果宝宝把你家纯白的墙面当成了涂鸦墙、把你的裙子剪成了自己搭在身上的斗篷，哈哈哈哈别着急生气好吗？看看宝宝的创造力，说不定会让你惊讶，3数宝宝就

是需要给他一个空间、教给他一种途径，让他的想象力能够自由自在的飞扬，但是不要限制他或者教他太多条条框框，如果你觉得一朵花应该是五个半圆形的花瓣，也不要告诉你的宝宝要这样做，孩子的想象力是最可贵的，他会画成方形的、三角形的、你想象不到的……那都是他自己的，也是最最闪光的地方。他的鬼灵精怪、他的奇奇怪怪小点子、他的百变恶作剧，都是他自己和这个世界沟通的方式，不要用大人的判断去扼杀掉这种无限可能的沟通。

同时，3 数宝宝的审美能力也是非常高的，处女座宝宝从小就异常爱干净，而 3 数宝宝也是如此，他们不仅爱干净而且爱漂亮，很注重自己的外表。女孩子就会对饰品、裙子、公主款格外喜欢，男孩子就会从小耍帅，他们的眼光会不由自主的被长得漂亮的人吸引过去，尤其是打扮举止非常明艳的哥哥姐姐、叔叔阿姨，然后他们会去模仿那种他们喜欢的美。有些家长会担心这样从小在意外表会不会让孩子变得虚荣浮夸，但是反面想，这也是让他们提升自信的一种很好的渠道，因为如果 3 数宝宝穿着不好看的衣服他自己会非常别扭、然后不再会大方伶俐的与外界接触，很有可能产生自卑情绪。所以对于审美，既然有天分，就不要压制，而是告诉他们外表不是唯一，引导他们也去在意内在的更多美好。

语言是思维的基础，而 3 数宝宝从小就有着非常好的表达能力和语言天分，聪明伶俐、能说会道，你会发现 3 数宝宝能很早的会说完整的句子，只要听一遍就能重复下来一个完整故事甚至自己开始编故事，逢年过节拜访亲戚朋友的时候，嘴巴很甜的宝宝也很是机灵可爱、让你很有面子。

其实，所有的孩子都是讨厌批评的，但是有些孩子对于父母的批评在哭过闹过之后能欣然接受，但 3 数宝宝一定是不愿意接受批评的排行榜上排在第一位的，他的不开心会立刻表现在脸上，说哭就哭，这种时候如果掌握不好分寸宝宝还会特别任性、愈演愈烈。

教育策略

1. 用赏识激发更多创造力

要知道，天分这种东西真的是旁人羡慕不来的，而 3 数宝宝生来就带有的创造力也是无人能及的。很多时候我给别人做咨询，会遇到对方惊讶的说："是吗？我没有觉得自己有这方面的天分啊？"我问他们，小的时候你学了什么吗？才有人想起，自己很早的开始补习奥数、物理这种学科类的东西，现在只能无奈的笑笑，因为根本没有用上，现在也忘得一干二净，也有人得知了自己有天分后，鼓足勇气去开始心仪已久却没有信心的爱好，发现自己真的喜欢也学得很快，后悔一直等到中年才敢去做，可能一直以来只差一句鼓励而已。

想要把 3 数宝宝的全部潜能激发出来，需要你的稍加努力。当有一天，你发现宝宝开始恶作剧、开始哼曲子、涂鸦、把东西踢坏了，不要急着指责，而是给他相应的东西，玩具足球、小电子琴、几支画笔，当他有第一个动作、有了一个所谓"作品"，你就可以鼓励他"原来宝宝这么棒啊！"让他有信心继续下去，同样地，需不需要报个相应的学习班呢？通常我的建议是，不要太早，或者加以甄别！创造力像一颗幼苗，过早的进入学习班只会让宝宝在没有太多坚持和判断力的时候，按照老师制定的规矩行事，丧失了原本的灵感。其实你需要做的，就是耐心的倾听、陪着宝宝一起做梦、安安静静的让他享受自己的世界。

2. 增强抗压能力和判断力

3 数宝宝怕听见批评、过于任性，和 1 数宝宝有点类似，容易取得一点点成绩后洋洋得意、骄傲自满，就是大人爱说的翘尾巴，面对小风小浪的挫折就特别容易灰心丧气。对于所有的孩子，当有不正当的做法和原则性错误的时候，家长需要在第一时间立刻指出的，越纵容越容易让孩子任性，那就是溺爱了。当然，要注意表达方式，而对于 3 数宝宝，尤其要知道的是，什么叫做原则性错误。你可以在他们稍微懂事的时候，就制定出几条切实的原则，可以关于礼貌、诚实、规矩等等，一旦制定就要遵守，如果犯了就要承担惩罚。在提出意见的时候，要注意既不伤害他们的自尊，也要认识到自己的问题，学会接受和正视来自他人的善意批评，并且在批评声中学会坚持，没有任何事情是一帆风顺的，3 数宝宝容易被其他更有趣的事情吸引，尤其是遇到困难和挫折后，所以要培养他们的坚持和毅力。

3. 嘴甜和外表不是全部

爱笑开朗、嘴甜漂亮，这样的宝宝谁不爱呢？可是不要让宝宝认为，能说会道和外表就是全部，尤其是能通过这些走捷径、获得优势，这样容易养成投机取巧和浮躁的心理。要让宝宝知道，他们获得表扬并不完全因为他们的外表和聪明，而是有内在的哪些品质、展示出的哪些能力，这些才是大家喜欢你的重要原因。也要给他们讲一些因为心灵美和坚持获得成功的故事，比如 3 数宝宝们喜欢王子和公主的故事、喜欢有魔法的故事，所以在他们看动画片或看书的时候，引导他们关注到主人公的内在、善良、品德，不用再刻意强调外表了。也可以多带他们接触自然和淳朴原生态的东西，告诉他们这也是美的一种，每个孩子都善于发现美好，关键是家长会不会引导他们美有很多种形式，会不会告诉他们如何判断美的定义。

4 数宝宝：踏实专注的小天使

4数宝宝喜欢规则，一定要尊重他那颗固执的小脑瓜

宝宝特质：踏实、稳重、听话、安全感、专注、组织力、安静、内向、规矩、保守

4 数宝宝非常重视安全感，这种安全感对于一个孩子来说来自于他对周围的熟悉程度，如果突然到了完全陌生的领域、接触完全陌生的一群人，4 数宝宝可能会显得焦虑或不敢接近，有些家长此时就会怪自己的孩子是不是太胆小、不闯荡、不大方，甚至会因此批评或强迫宝宝，大人往往就是这样并不明白自己的孩子真正在想什么，其实只是他们的自我保护意识很强，多给他们鼓励和熟悉环境的时间就会好转，当他有信心有把握的时候就会鼓足勇气尝试，否则 4 数宝宝会在一边选择观望、止步不前，这时候是急不来的。同样地，这种安全感也会体现为一种归属意识，比如他们自己的东西、自己的玩具，会比较在意、不愿意分享，这并不是自私和小气的表现，只是他们不知道自己的东西到了别人手中会怎样，下意识的危机意识而已。

4 数宝宝总像个小大人一样，那种“老干部”气质从小就会展示出来，同样是在家附近玩耍，和 5 数宝宝的爱冒险、3 数宝宝的好奇心不同，危险的事情他们绝对不会去尝试，没去过的地方也不会去，甚至如果他们觉得在外面玩儿很不安全，就会一直在家里呆着。4 数宝宝一直很听话、很规矩，家长说不让做什么就不做，是比较让人省心的一类孩子。他们做事情会按照既定的规则，井井有条、中规中矩，你告诉他们这个按钮不可以碰，他们就不会去碰，不是没有好奇心，而是担忧触碰之后的后果。所以尽量不要给他们设置太多的条条框框，尽量告诉他们很多事情是可以做、可以尝试的。

教育策略

1. 摆脱对未知的恐惧

强迫并不是好的选择，比如宝宝在家的时候无法脱离父母一个人睡觉，你要找个玩具陪伴他，并反复告诉他爸爸妈妈其实就在不远处，再比如宝宝上幼儿园了，面对新的环境无法午睡，你可以把他熟悉的被子带过去，比如他们在新的饭店吃饭可能更喜欢坐在安静的靠墙角落，他们会把小手手插在兜里……作为父母，在教育宝宝时候不要用威胁的句子，对于没有安全感的 4 数宝宝，千万不要说“如果你……妈妈就不要你了”“你再……就把你丢在这里”这种话，这简直是致命伤害，他们会变的更加唯唯诺诺、留下阴影。

他们不会轻易相信什么，这时候你可以告诉他最基本的道理，然后给他们时间、甚至陪伴他们的做第一次尝试，由爸爸妈妈带领着，孩子看见了示范心里有了底，即便不太愿意也能放下疑惑，开始尝试。没有方法的强制要求，只会适得其反，让孩子更加的固步自封，而且不要随便批评他们懦弱胆小、看别人如何如何，要知道，你的宝宝并不是个胆小鬼，只是比同龄人想得周到。

2. 营造轻松愉快的环境

4 数宝宝做事情十分专注，他们对于自己感兴趣的事情，往往会注意力集中，不想受到外界干扰，读一本书、打通关一个游戏、拼好一个拼图……他们都能坐很久，恨不得一口气做完。虽然在大人们眼中他可能有点闷、有点慢，但其实他是在按照自己的方式行事，所以家长要给他们营造相对轻松的环境。比如不要一直唠叨、一直强迫他们改变、对他们做的每件事都着急催促，这样会宝宝处在一种焦虑的状态下，无法专心，影响他们的节奏。

再比 4 数宝宝的确缺少了些勇于改变和尝试的精神，他们宁可重复一件枯燥的事情，不想吃的东西就一直不吃，没去过的地方就一直不去，他们会一件一件的把自己该做的事情做完，没有做完就很没有安全感，所以家长不要再给他们追加更多的额外功课，反而要带他们去玩、去尝试新鲜的东西，好让他们在轻松愉快的氛围中让自己慢慢松弛下来。

3. 锻炼组织力，收获成就感

这是 4 数宝宝的潜力，怎么能发挥出来呢？在一个班级里，有班长也有其他班干部，而 4 数宝宝就是出色的组织委员，他们会把事情安排的井井有条、讲究原则和秩序，他们生来就不缺乏计划和组织力，一般做一件事之前他们会现在心里盘算后果，认为没有风险之后就会开始按部就班、不疾不徐地开展，而且还会想着如何把是事情完善。所以 4 数宝宝的家长，可以由小到大，交给宝宝们一件完整的事情让他们去做，买菜、收拾屋子、制定一个计划、出行安排，都可以试着慢慢交给他们，多听听他们的意见，会让他们在这个过程中感到自己被信任，收获成就感，也会尝试更多没有尝试过的事情，锻炼胆量。

5 数宝宝：勇敢热情的小天使

5数宝宝热爱自由，只要给他广阔的空间他就很开心啦！

宝宝特质：勇敢、开朗、热情、多才多艺、无拘无束、爱自由、固执、懒散、爱交友、小大人

5 数宝宝从小也是人见人爱、花见花开的类型，热情、开朗、懂礼貌，不论说话还是做事，都大大方方、非常懂事的样子，头脑灵活、乐于交朋友，从小到大在朋友们当中都会是人缘好的那一个，他们也会乐于帮大人解决问题，他们希望你把他们当作大人、当朋友，而不是小孩子。5 数宝宝早早就很独立，不论是心智还是行动力，都比别人成熟一些，对事情的好恶也有自己的判断力和评价标准，其实是属于外表随和内心固执的孩子。所以在跟他们沟通时候，硬碰硬是不行的。

5 数宝宝从小就喜欢自由自在、无拘无束的生活，不论是周末去近郊游玩儿，还是假期出远门旅行、参加夏令营，都是他们最喜欢最开心的，在这个过程中他们也能锻炼自理能力、增长见识和知识，你会发现他们很难按照要求遵守纪律，好奇心和天不怕地不怕的勇气会让 5 数宝宝不安于规规矩矩行事，所以与其告诉他“你不许这样”“那里不许去”，还不如在适当的范围内让他们吃点亏，自己学会趋利避害比你处

处限制要好得多。

教育策略

1. 培养做事有始有终的能力

5 数宝宝兴趣爱好很广泛、精力也十分充沛，口才和运动天分都很出色。因此，他们也经常被更有趣的事情吸引，当他们开始做一件事遇到了困难、或者遇到瓶颈觉得索然无味、再或者产生了对未知结果的恐慌，就会想着半途而废、再换一个，缺少持之以恒的毅力，你会发现他们经常做事“虎头蛇尾”，所以这就需要家长的引导和鼓励。当鼓励的时候，也避免说教，你需要利用他们的猎奇心理，对未知产生好奇，但他们看一本书觉得无趣时候，你可以跟他们说后面会更加有趣，当他们滑雪时候频频摔倒时候，你可以告诉他们战胜了困难就可以去高处看更美的风景。5 数宝宝不缺乏勇气，让他们形成坚持的好习惯后，就可以把精力更集中、持之以恒，做得更出色。当然，这个过程也要循序渐进，而且找准方向。

2. 爱冒险爱自由的定义

孩子总是对于生硬的管教有逆反心理，尤其是 5 数宝宝更是不喜欢被约束，他们会格外的在意自己的自由是否被剥夺，当他们还不明白自由的定义时候，就会展现出一些特质，比如越不让做什么越不听、被关在家里会偷偷的跑出去闯祸，这都说明家长引导的方式出现了问题，而过度的制约、干涉甚至打骂，会让他们失去想象空间和勇气，也会对家庭产生怨恨。对于生性好动的 5 数宝宝，你需要引导他们认识到生活中没有绝对的自由，只有完成了自己的责任和承担后，才能获得自由和快乐，散漫和一味的要求打破规律可能会造成不可逆的结果，比如鱼在自在畅游却受到了水的约束，树在自由生长却受到了脚下土地的约束，规矩与自由是相对的。你也可以告诉他，完成了暑期作业就可以去迪士尼，帮家长做完家务就可以做自己喜欢的事，类似这种，让他们学会规矩与自由并存。

3. **避免命令和恐吓**

5 数宝宝最不需要的就是限制、命令甚至恐吓，因为这对他们来说非但起不到应有的作用，反而会压力之下使孩子做出冲动后悔的决定，更不要加以暴力和恐吓，因为 5 数宝宝也容易产生负面的情绪化。你们可以邀请孩子帮忙协助做一些事情，让他们对这件事产生兴趣，也可以让他们多参与家庭的决定和讨论，你会发现孩子的聪明才智令人惊讶，也可以用委婉的语气像朋友一样商量讨论，和孩子做朋友这件事其实实现的难易程度不同，比如很难和 2 数宝宝成为朋友，因为他们需要依赖你，你也很难和 7 数宝宝成为朋友，因为他们并不想跟你做朋友，但是 5 数宝宝是很容易也很需要以朋友身份来相处的，尤其是一起玩、一起运动、一起做他们喜欢的事情，建立起这种友谊后你再说什么他们会很听。

6 数宝宝：爱心满满的小天使

6数宝宝喜欢帮助别人，一定要记得感谢他！

宝宝特质：乐于助人、善良、听话、责任心、服务精神、有爱心、善解人意、心事重、软弱、完美主义

如果说，5数宝宝喜欢做一株在野外肆意生长的树，6数宝宝则是心甘情愿做一棵行道木，守着自己爱的人、在自己熟悉的土地上，为来来往往需要的人提供阴凉，6数宝宝天生具有一种责任感和服务意识，他们善解人意、乐于助人，在家里是爸爸妈妈的小帮手、小棉袄，也会对爷爷奶奶孝顺听话，在外面对结交的小伙伴也非常热心肠、讲义气，他们总是希望能尽力把一切做得更好一点，让周围人因为自己更开心一点。

当每个孩子都在玩自己的玩具时候，有一个孩子被冷落一旁，第一个走过去愿意分享自己玩具的就是6数宝宝；在追逐打闹时候如果有一个孩子摔倒了，其他孩子或惊慌失措、或去找大人帮助，也会有一个走过去试着帮忙包扎、表现出担忧的，就是6数宝宝；当所有孩子在一起做手工，有的孩子会抢着第一个举手表示自己做好了、有的孩子会做一会儿玩一会儿，而那个不争不抢、可能把手工做到最后、精益求精的，就是6数宝宝。看到了吗？这就是6数宝宝，乐于助人、有责任心、不急不忙、追求完美，都在他的骨子里。

教育策略

1. 无条件的爱和量力而行

6数宝宝与生俱来就会爱别人、表达爱，不过6数人在付出前希望得到回报和认可的特质也会在很小时候就出现，其实他们内心有一杆小秤，会对自己喜欢的人付出、会在自己付出和提供帮助后得到回应，他们可能对于自己不喜欢不认可的人展示出冷漠，或者当别人把他们当小丫鬟使唤他们内心就会非常不平衡。所以，父母要在宝宝小的时候培养孩子的一颗平常心，告诉他们真正的爱和帮助是无私的，不是用“应该”“必须”来作为前缀和衡量尺度，可以问宝宝为什么要这么做，自己的能力够不够，引发他们的思考。

而作为父母，不能轻易否定孩子的付出，在最开始他们没有判断能力和标准的时候，帮助别人本身就是一个美德，不要粗暴的制止或加以否定，树立正确的价值观是第一步，具体实施的方式是第二步，另外也不要对于孩子多的事情习以为常或粗心的忽略，比如你下班回家发现屋子的某个角落干净了，这可能是宝宝对于分担家务的尝试，表达爱都是从对家庭开始的，你要观察注意到。最后，每个孩子都需要很多很多爱，都需要家庭的稳固，而 6 数宝宝格外在意家人相亲相爱，所以要多一些时间陪孩子、全家经常一起聚聚，这会让 6 数宝宝在充满快乐和安全的世界中成长，他的心里会充满阳光。

2. **勇于表达真实的内心**

6 数宝宝长大后容易委曲求全，和 2 数宝宝类似，但 2 数宝宝更多的是偏向没有主见，而 6 数宝宝真的是为了别人、委屈自己，他们小时候就表现为对于别人的建议总是点头接受、非常照顾周围人的情绪，而且不太敢于表达出自己真实的想法，有委屈和不开心也不太敢说，害怕大家会关注到自己的另类，在做出选择时候最容易有从众心理，在面对别人的请求时候不懂得分辨和拒绝，认为只要是别人的要求就应该帮。这些都是父母要格外关注的，如果一直处于这种状态心理负担是很重的，也会强迫自己去做能力无法达到的事情，要告诉他们学会拒绝、学会判断。

同样地，作为父母都希望自己的孩子优秀，但是人品和善良不是最重要的吗？当你发现 6 数宝宝不争不抢、也似乎没有那么爱抢风头的时候，不要逼迫他们去做他们不喜欢的事情，他们会为了让你开心去完成任务，但那也许不是宝宝真的想要的。

7 数宝宝：聪明伶俐的小天使

7数宝宝是个酷酷的思考家，给他讲故事是他最喜欢的！

宝宝特质：聪明、直觉、灵气、好运、精益求精、记忆力好、求知欲、十万个为什么、自我保护意识、傲气、懒散

7 数宝宝从小就是个十万个为什么，发现了一件自己喜欢的事情就要把它研究明白，听了一个有趣的故事不算完，会有一系列想法冒出来，通常哄孩子的故事都很美好，但 7 数宝宝也能发现很多问题，这时候大人千万不能用“你怎么那么多问题”“哪儿有那么多为什么”来打击他们，其实你可以让他自己去思考和寻找答案。

7 数宝宝灵气十足，眼睛里总有一丝聪明和狡黠闪过，而且孩子时期直觉也是非常准的，作为大人，千万不要对孩子撒谎或隐瞒什么，他们善于追求真理、也能敏锐的发现问题所在，而且会非常公正公平的指出来：“你要求我诚实，为什么你要撒谎呢？”所以，有一个 7 数宝宝也是让父母又爱又头疼，因为你休想糊弄他们！

他们不喜欢被束缚住，喜好完全跟着感觉走，有时候会显得情绪化，这种任性和情绪化和 3 数宝宝又完全不同，他们并不是娇气的小公主、小王子，而是在形成自己

的逻辑、自己对这个世界的认知，他们的思考能力和成长会令大人惊讶。

教育策略

1. 利用好求知欲和分析能力

当你无法解答孩子的问题，不要简单粗暴的回绝、也不要碍于家长的权威和面子不敢承认自己不会，更加不要故弄玄虚、故作神秘，有一个喜欢发问又聪明伶俐的宝宝是很难得的。其实你可以让他们尝试自己去寻找答案，看书、问别人、自己思考，然后让他们想到了答案、学会了新知识，反过来告诉你。当完成了这个过程后，其实引导才刚刚开始，你不要因为自己的宝宝这么厉害就过于骄傲，只会用“宝宝真棒”来做回应，7 数宝宝的教育方式的确和其他孩子不同，他们不需要千篇一律的不走心的夸奖和鼓励，而是需要你再次抛出问题，告诉他们学无止境、还有很多你没有发现的知识和延伸，这样能最大程度激发他们的求知欲，而又不会让他们沾沾自喜、骄傲自满。

2. 激发更多思考和想象空间

7 数宝宝特别需要一个相对宽容的空间，能让他们专注的思考和看书，当他们陷入到一些固有的知识和规律中时候，你也要激发他们的想象力，因为 7 数宝宝也可能会过于注重追求真理，而少了很多乐趣，所以科幻、艺术、小说等都可以让宝宝多接触。

3. 不要让孩子过于孤独

和其他小孩子爱热闹不同，7 数宝宝从小就格外耐得住寂寞、能坐在一处安静的做自己的事情，如果这时候家人欣慰地认为他们爱学习是件好事，那就有点盲目乐观了，7 数宝宝缺的不是静、恰好是动，如果你们放心的把他自己留在家里然后去忙工作，他们不会闯祸还会令你很省心，但长久以往就会比较压抑、孤僻、不合群，长大后会心高气傲、看不上别人。所以给他们自由，指的是一个相对宽松的环境，但不是不管，你需要安静的陪伴他们，也要与他们交流他们的新想法，当他们缺乏耐心、情绪不稳定的时候，你需要给他们平复的时间，然后去真诚的沟通，7 数宝宝渴望平等的对话和关系，也要让孩子适当参与社会活动，与其他小伙伴接触玩耍，尤其是可以去做志愿者、多参与公益活动，让他们享受到人群的快乐。

8 数宝宝：领袖气质的小天使

8数宝宝从小就有商业头脑，帮助他规划好自己的人生目标就好啦

宝宝特质：自信、善良、倔强、正义感、领导力、固执、爱面子、荣誉感、正直、目的性强

8 数宝宝生性正直，他们的善良并不会写在脸上，甚至会对别人稍有戒心，但是心底却非常注意尽量不要伤害别人。他们的大局意识也似乎比同龄人强，有很强的集体荣誉感，做事情会从更高的角度看、想得更多更周全，而且计划和目的会比较明确，能妥善安排好自己的时间分配。8 数宝宝很自信也很自负，特别在意自己的面子和价值，为了所有事情尽最大努力，心里却害怕挫折和失败，他们看待得失比较重，

显示出比同龄人更渴望成功，哪怕一件小事，如果自己出糗了、受挫了，表面没关系，其实总是耿耿于怀。

他们与生俱来的能量也很强大，自信、不畏惧大场面、总是在努力证明自己，这种领袖气质与 1 数宝宝相比更加内敛、更沉稳。他们生来就很善于和人打交道，为自己的事情争取，也知道如何带领团队，8 数宝宝组织能力超群，可能他们还没有明白什么叫做掌控力，却会知道自己要完成一件事情分几步，自己能做什么都尽量自己做，不愿意麻烦别人，而不得不需要帮手时候又会想法达到目的，他们有了自己想要的想做的，就一定要得到，走点弯路也无所谓，所以大人们会发现，这个孩子意念十分强，心里非常的固执倔强。

教育策略

1. 增强抗压能力，不要畏惧失败和犯错

8 数孩子心里背负的东西比表面看上去多得多，其实他们会害怕失败、怕自己丢脸、怕让父母失望、怕给集体抹黑……很多时候，他们都告诉自己“只许成功、不许失败”，可是往往事与愿违。这时候作为父母，就不要再给他们施压了，其实不用你强调事情的重要性，孩子心里都有数，他们需要的恰恰你的宽容和支持，告诉他们如何对失败和差错释怀，才能更好的面对成功。而且要培养他们坚持一件事情，哪里跌倒哪里爬起来可能会更好，尝试过失败、自己的努力，再取得成功才能体会到喜悦，看到终点的风景，也要享受“全力以赴”过的过程对吗？

另外，也要学习如何勇于承担错误，生活中谁都会犯错误，但是 8 数宝宝自尊心超级强，即便心里明白自己错了，表面也要死不承认或者用不说话来抗议，此时父母如果一味的打骂或逼他们认错是不行的，8 数宝宝可是典型的吃软不吃硬，也许你温柔的一句安慰或原谅，会让他们哇哇大哭，反而效果更好。所以不逃避、不气馁，更加不必在乎别人眼光，8 数宝宝需要你们以柔克刚。

2. 不要拔苗助长、不要学而不精

8数宝宝可以做的事情很多，但是精力有限，他们的天赋需要用坚持不懈来体现，所以如果你给他们报了很多兴趣班、课外班，可以收一收了，选择一两个他们真心喜欢的、或者对他们成长有帮助的，就足够了。另外，8数宝宝会很容易把事情做好，但是就不要拔苗助长了，不要着急看到成效，因为8数宝宝本身就是目标结果为导向的孩子，就容易着急，所以不管做什么事情，打好基本功是他们需要格外注意的，要培养他们的耐心和细心。

9数宝宝：善良博爱的小天使

9数宝宝是个爱心满满的小天使，可爱又温暖的东西是最好的礼物

宝宝特质：善良、博爱、包容、同情心、同理心、想象力、适应力、轻信、幻想、不切实际

9 数宝宝生来就有包容精神，不会为了一点小事就跟其他小朋友吵闹争执，如果有小朋友欺负了他们，9 数宝宝也不会记仇，是个天生的和平主义者，他们对所有人都展示出十足的友善和耐心，那种宽容和天真让大人都自愧不如。

宝宝们的感情都十分浓烈，最初是对待爸爸妈妈、身边的亲人，接着是周围的朋友，他们会用各种表达方式来表达自己的感情，这种对周围的爱是因为他们生来就带着一颗博爱之心，对小动物、花花草草都非常珍惜和亲近，他们不仅仅生性善良，也会认为周围的所有人事都是美好的、善良的，也正因如此，9 数宝宝可能会因为过于轻信别人的话而受到伤害。9 数宝宝对周围环境变化和陌生，适应力非常好，因为他们的天真乐观会迅速拉近与周围人的关系，也会让自己的温暖传递给大家，他们会迅速和小朋友玩儿到一起，和环境和谐相处，也会对别人的不快乐和痛苦展示出充分的同理心，会发自内心的关心别人。

他们的想象力十分丰富，喜欢生活在自己的思维方式和小世界中，把自己和身边人想象成自己世界中的样子，甚至会编排故事和电视剧，他们也会将看到的书或动画片里的角色代入现实生活中，你也会看到他们喜欢模仿、喜欢做白日梦、喜欢沉浸在自己的发呆中，无比丰富的想象力也正是他们的特长和天赋所在。

教育策略

1. 正确引导表达爱心的方式

9 数宝宝天生就有爱心和正能量，有一颗慈悲的心，你可能会怕他们因此而被骗、付出过多、受到伤害，在大人眼里这种善良和爱心可能很傻，但是千万不要用大人的方式打压和制止，而是正确的引导他们将爱心用正确的方式传递，因为对于 9 数宝宝来说，如果压抑内心的能量会变的冷漠、封闭、胆小，一旦找到他们想为之付出的人又会过分投入，恨不得把积攒的能量一起发挥出来。要知道，9 数宝宝的心地善良、宽容胸怀，也正是他的福气所在，是他将来在人际交往中最闪光的人性，不要盲目的冠以“好欺负”“没个性”这样的负面定义。

比如，可以让孩子从小和家里的宠物一起长大，可以让他们负责照料花花草草，来培养他们的责任感，再比如教会孩子如何判断别人是否真的需要帮助和关心，如何学会适度而不是一味的付出以至于给别人窒息感，学会掌握“对你好”和“为你好”的分寸，可以让他们从小多多参与有计划有组织的公益活动当中。而且要知道，不能凭借一己之力试图改变这个世界，而是用善良和包容感染更多人，和大家一起努力。

2. **把白日梦变成现实**

会发呆的孩子聪明，因为9数宝宝充满对未来美好的幻想和期待，脑袋里也有很多光怪陆离的故事和奇奇怪怪的想法，他们都是孩子宝贵的财富。但是，一直活在自己的世界和幻想中，一味的做白日梦而不付出行动，幻想着自己有一天能拥有超能力拯救地球是不行的，现实和理想之间的差距，要用脚踏实地的一步步来缩短距离。所以，需要告诉他们这其中的困难、鼓励他们迈出第一步，比如你的宝宝跟你说自己有一天会上天摘星星，那你可以问他知道天上的星星都是什么吗？怎样才能接近他们呢？一步步循循善诱。

如果有一天宝宝跟你说了什么不切实际的话，你不要第一时间就用大人的是非观去判断，说他在“撒谎”，那会让宝宝非常伤心，他们也许说的所谓“假话”是自己想象出的并信以为真的，所以要告诉他们如何分辨异想天开和实际生活，不能夸大其辞、信口开河，要对自己说的每句话负责，要为自己的梦想买单。

第八章　遇见小确幸：补充缺失的能量

正在心情沮丧时好友送你一件可爱小物，遇到突如其来的阵雨而你恰好带了一把伞，被阴霾的天气搞得很烦闷忽然转角遇到一片小花园……所有的不经意，都可能成为你一天中的幸福所在。我们经常会被负能量笼罩，那如何通过一点一滴来改变我们的心情和运气呢？

有时候我们会发现一些很有趣的现象，比如从小到大会特别偏爱某个数字，手机号、车牌号、座位号、打游戏、起网名……都愿意选这个数字在其中，还会洋洋得意告诉别人："这是我的幸运数字哦！"再比如我们会经常无意中遇到某个数字，看手机时间时候总是有个时间或数字出现的特别多，去买彩票随机选的时候总会有一些熟悉的号码，去一个地方旅行、偶遇一家心仪的小店，却惊讶地发现门牌号那么相似……哇塞，生活中的偶遇和邂逅都是这样的充满惊喜！

我们可以通过吸引力法则来做一个侧面的解释，当你思想集中在某一领域的时候，跟这个领域相关的人、事、物就会被他吸引而来。而数字能量，也具备类似的吸引力，属于你的灵数拥有它的能量，就会吸引跟数字相同或有其意义的事物在你身边，也是由于数字的影响你会格外注意某个数字，而产生更多心理暗示。

那么，我们如何找到自己的幸运数字呢？与自己的灵数相同就对了吗？

当然不是这样简单，**每一个数字拥有不同的意义，你的灵数盘中缺失的数字，也是你的性格中缺失的部分，反映在生活中就是你行为处事不足的地方、需要弥补的部分**。比如今天你的行程安排中，有一些场合要出席、有一些事情要做，而你还没想好该如何选择你的服装搭配，比如今天你在 shopping，纠结于两个图案或两种颜色，比如你正希望通过领带、包包、本子、串珠等随身小物来提升幸运指数。那么就要看这里咯。

缺什么，我们就补什么。当你画出你的灵数盘，发现有一些数字缺失，上面一个圈圈都没有，那么那些缺失的数字就是你要补充的能量。查缺补漏，也许一件小物、一种色彩、一个数字，就会给你增加幸运、能量和气场哦！他们，就是你要去努力遇见的“小确幸”。

这一章节，综合了色彩心理学、脉轮与能量石、希腊哲学与神话等诸多方面，做了相对完备的整理。

灵数	色彩	脉轮	能量石	lucky符号
1	红	海底轮 Muladhara	石榴石、红玛瑙、红宝石	宝剑、战车
2	橙	本我轮Svadhisthana	太阳石、兔毛晶、橙月光	眼睛、月亮
3	黄	太阳神经轮Manipura	黄水晶、虎眼石、黄托帕	苹果、羽毛
4	绿	心轮Anahata	绿幽灵、绿碧玺、祖母绿	小麦、蜜蜂
5	青	喉轮vishuddha	海蓝宝、蓝托帕、天河石	双蛇、翅膀
6	蓝	眉心轮Sahasrara	青金石、蓝宝石、孔雀石	音符、月桂
7	紫	顶轮Sahasrara	紫水晶、月光石、舒俱来	猫头鹰、橄榄
8	金	（光轮aura）	金发晶、紫黄晶、欧泊	金饰、蜡烛
9	银	无	拉长石、钻石、白水晶	树木、弓箭

脉轮：脉轮位于身体的中轴线上，共分为七个脉轮，由下至上影响人体对应的身体、心理及思想状态。他们分别有不同的活跃程度，当脉轮活跃时，表示他在正常工

作，对我们的情绪、感觉发挥积极的作用，但通常情况下，我们总会有一些脉轮不够活跃或者不听话罢工，这就会影响我们的健康和精神状态，而负能量和坏习惯也会进而让脉轮更加运转不畅，需要调节平衡。很多运动都注重脉轮理论的应用，比如瑜伽、冥想等。

色彩：色彩与数字的关系也非常紧密。色彩心理学也是十分重要的学科，不论自然欣赏、工作生活还是社交活动，色彩在客观上会对人们产生视觉和心理的刺激与象征，在主观上影响反应与行为。色彩心理通过视觉开始，会一路延伸至知觉、感情、记忆、思想、意志等等，所以利用数字与色彩的关联，可以产生正面的引导和暗示。

符号：前面我们介绍过，数字心理学源自毕达哥拉斯的理论，希腊哲学家们继而发展，所以数字与希腊神话之间也有着很深的渊源。每一个数字都有对应的守护神，而守护神都有他们的象征符号，人们总是希望得到更多力量，或是心理暗示作用、或是具有祝福和祈祷的美好寓意，这些符号就变得美好而神奇。

我们经常会被生活琐事烦扰，也会偶然邂逅不经意的快乐：

洗衣服的时候摸摸口袋，发现居然有 100 块耶！正在发呆，突然手机震动了一下，拿起一看竟是正在想念的人！想吃番茄炒蛋可惜冰箱里只剩一颗蛋，本想无奈凑合，可是磕开时居然发现是双黄呐！……它们是生活中小小的幸运与快乐，是流淌在生活的每个瞬间且稍纵即逝的美好，是内心的宽容与满足，是对人生的感恩和珍惜。

这就是小确幸，微小而确实的幸福，是稍纵即逝的美好，村上春树说，每一枚小确幸持续的时间是 3 秒至一整天，而当我们逐一将这些“小确幸”拾起的时候，也就找到了最简单的快乐！

所以接下来，就让我们具体看看，如何补充自己缺失的那一部分吧。让生活中的小确幸，给你带去更多快乐！

遇见 1 数能量

对应脉轮

海底轮（Muladhara Cakra）：第一脉轮，位于脊椎基部，生殖器与肛门中间，运转正常会让人安全放心、稳定踏实、浑身舒畅，反之会觉得恐惧、紧张。

守护颜色

红色（第二为黑色）：红色象征热情、性感、权威、自信，是个能量充沛的色彩 —— 全然的自我、全然的自信、全然的要别人注意你。如果你经常意志不坚定、目标不明确、缺乏信心，可以让红色带给你自信、勇敢、果断，当你想要在大型场合中展现自信与权威的时候，可以让红色单品助你一臂之力。

当然，红色也代表冲动、嫉妒、控制欲，容易给别人造成心理压力，如果你的灵数是 1 或者灵数图中 1 过多，就要适当避免大面积红色和黑色，即便这是你最喜欢的颜色，穿上真的会气场全开，但是也会让别人对你怕怕的。因此与人谈判或协商时则不宜穿红色，预期有火爆场面、想避免争吵，也请避免穿红色。

幸运宝石

石榴石、红玛瑙、红宝石、红碧玺、红珊瑚、黑曜石、黑发晶

符号故事

数字 1 的代表守护神是希腊神话中的战神阿瑞斯，他骁勇善战、永不放弃，无论面对什么障碍都会想方设法必须完成，在实现梦想和目标的道路上始终努力热情。当你觉得自己经常优柔寡断、自我怀疑时候，不妨试试，让战神的故事带给你勇气、魄力和自信，阿瑞斯的象征符号，有宝剑、战车，让你无形之中觉得自己像一个勇敢无畏的战士、像行侠仗义除强扶弱的武林高手，不要被怯懦打败，跟自己说：小宇宙爆发吧！

遇见 2 数能量

对应脉轮

本我轮（Svadhisthana Cakra）：第二脉轮，也叫生殖轮。它位于肚脐下方约三指宽的地方，丹田附近，是生殖器官部位附近的腺体中心，它主要掌管了人的感情和欲望。运转自如时你的情感表达顺畅、充满热情和活力，如果过度情绪化、感情用事，或冷漠、自闭、郁闷，就需要关爱本我轮。

守护颜色

橙色就像阳光、像一颗饱满的橙子，暖暖的、甜甜的，给人亲切、坦率、开朗、健康的感觉；介于橙色和粉红色之间的粉橘色，则是浪漫中带着成熟的色彩，让人感到安适、放心。所以，当你想试图改善人际关系、协调事情、获得好人缘、好桃花时，都可以增加橙色，而橙色，也是从事社会服务工作或人力资源工作时，最适合的色彩之一，会给别人带去阳光般的温情。

幸运宝石

太阳石、兔毛晶、橙月光、锰铝榴石、琥珀、蜜蜡、金发晶、芙蓉晶

符号故事

数字 2 的代表守护神是希腊神话中的赫拉，她忠于婚姻、喜欢与人相处、擅长分析和协调人事，所以当你想补充自己这方面的不足，不妨多听听赫拉的故事，从中获得启示。赫拉长得非常美丽，尤其是拥有一双出名的大眼睛，人们就把眼睛看作是赫拉的象征符号，还有母牛和孔雀，因为母牛的眼睛很大，而孔雀更是整个尾巴上都是眼睛。时尚品牌 Kenzo、川久保玲都很青睐眼睛图案，这个图案仿佛在无形之中提醒你，要细心、要注意观察哦！也会为你带去赫拉的力量。

遇见 3 数能量

对应脉轮

太阳神经轮（Manipura Cakra）：第三脉轮，也叫做胃轮／脐轮，也有翻译称第二脉轮称为脐轮，当你迷惑时候可以看脉轮位置和英文名字。太阳神经轮位于肚脐上方及附近的腺体中心，控制了身体中火的成分及胰脏和肾上腺的分泌，主导我们的活力和社交活动，支配人的精力和消化功能。当他打开时候你会开朗、头脑灵活、自信，感到一切可以尽在掌握，否则会唯唯诺诺、眉头紧锁、经常觉得很被动。

守护颜色

黄色是明度极高的颜色，能刺激大脑中的创意、灵感，也能刺激与焦虑有关的区域，具有警告的效果，所以雨具、雨衣、安全告示、警戒线等多半是黄色，第一醒目、第二有暗示作用。艳黄色象征信心、聪明、希望，淡黄色显得天真、浪漫、娇嫩。如果你今天需要脑洞大开、头脑风暴，或者在任何快乐的场合，如生日会、同学会、去游乐场，再或者需要商场促销、做路演，都可以试试黄色。但是艳黄色会显得不稳重、招摇，不适合在任何可能引起冲突或商务谈判的场合穿着哦。

幸运宝石

黄水晶、虎眼石、黄托帕、蜜蜡、钛晶、黄玉、金发晶

符号故事

数字 3 的代表守护神是希腊神话中的阿佛洛狄忒，罗马名字就是维纳斯，喜欢一切美好的事物、善于沟通表达、拥有灵气十足的头脑，所以你想获得美丽、艺术感吗？当然要追着爱美神咯！她的象征是苹果、天鹅、羽毛和各种美丽的鸟，尤其是金苹果。不仅仅因为苹果在欧洲象征着爱情，更因为在神话中，谁能得到金苹果谁就能成为最美丽的女神，于是天后赫拉、爱神阿佛洛狄忒、智慧女神雅典娜相互争夺金苹果而引发了特洛伊战争，所以在希腊，金苹果被看作维纳斯的代表符号。

遇见 4 数能量

对应脉轮

心轮（Anahata Cakra）：第四脉轮，它位于靠近心脏附近的腺体中心，控制着气体的成分，也控制了胸部的胸腺和淋巴腺，和人体的呼吸、循环功能有关。当心轮打开时，你会友善、温暖、感到内心充实，而它罢工的时候，你会觉得慌张、不安、冷漠等等。

守护颜色

绿色给人无限希望的舒心感受，在人际关系的协调上绿色也可以发挥重要的作用呢。绿色象征自由和平、清爽舒适；黄绿色给人清新、有活力、快乐的感受；明度较低的草绿、墨绿、橄榄绿则给人沉稳、知性的印象。所以多多穿着绿色可以弥补你这方面的不足。当然，如果你已经给人老成持重的印象了，就不要再多穿绿色了，毕竟绿色也暗示了隐藏、被动的意义。如果你不希望自己在团队中变成小透明，又不想太扎眼，可以在搭配上多运用饰品，或者和其他颜色调和。绿色是参加任何环保、公益活动，休闲聚会、团队合作中适合的颜色。

幸运宝石

绿幽灵、翡翠、绿碧玺、西瓜碧玺、祖母绿、孔雀石、碧玉、绿松石

符号故事

数字 4 的代表守护神是希腊神话中的谷物女神——德墨忒尔，也代表着富足、务实、构筑安全感，当你觉得自己想成家立业、想让生活多一点规划时，或者你最近因为财物状况告急，而有一些心慌慌、缺乏安全感的时候，不妨让谷物女神给你一些好运吧。她的象征符号当然离不开好吃好喝，麦穗、玉米、蔬菜、水果、蜜蜂都可以，在希腊人们还会在节庆中用盛满蔬果谷物的羊角来表达对德墨忒尔的喜爱。哦对了，她独独不喜欢的水果就是石榴，因为在希腊神话中，德墨忒尔的女儿就是因为吞下了

一枚冥界的石榴果，才无法回到人间，也不能与她团圆。

遇见5数能量

对应脉轮

喉轮（vishuddha Cakra）：第五脉轮，它位于喉头附近的腺体中心，颈部中下段，控制着以太成分及甲状腺及副甲状腺，与表达、沟通、社交能力有关，同时也调整了人体的精力，并控制着人体的活动。如果它出现了罢工情况，你会觉得食欲不振、不爱讲话、容易偏激、扭曲别人的意思。

守护颜色

青色，介于绿色和蓝色之间，在彩虹中容易被忽略的颜色，可以如果把这个颜色单独拿出来，你会感受到它独特的魅力，兼具了绿色与蓝色的特质，完美将两者融合：湖蓝色深邃、沉静、又暗藏波澜；青绿色稳重、舒适、又不乏生机勃勃。青色在古文荀子《劝学》的“青，取之于蓝，而青于蓝”中，又是靛青色，它象征着坚强、希望、古朴和庄重，这也是我国传统的器物和服饰中常常用颜色。所以，如果你需要一件衣服或配饰，为你今天的商务谈判、演讲展示、社交活动增添力量，这个颜色绝对可以让你看起来神采奕奕。

幸运宝石

海蓝宝、蓝托帕、天河石、蓝绿碧玺、孔雀石、绿松石

符号故事

数字5的代表守护神是希腊神话中的赫尔墨斯，他可真是个大忙人呢，商业、沟通、贸易、书信、旅行都是他的掌管范围，他具备敏捷聪慧的头脑、极佳的外交和沟通能力、又特别爱旅行，一直自由自在。如果你希望自己再洒脱一点、开朗一点，不妨从赫尔墨斯的故事中获得启示，他的象征符号就有翅膀，不过可不是天使的翅膀，赫尔墨斯戴着有翅膀的帽子、穿着有翅膀的飞行靴子，来去自如，另外，他的手中拿

的双头蛇权杖、他发明的书信，都被看作他的符号。

遇见6数能量

对应脉轮

眉心轮（Ajina Cakra）：第六脉轮，它位于脑的正中，它控制着脑下垂体并使用松果体和下视丘的荷尔蒙，掌管洞察力和视觉能力，支配着心神和直觉方面的功能。当脉轮打开时候，你会感到直觉灵敏、幻想增多，同时心态平和，反之会缺少自己的主动思考、陷入迷茫。

守护颜色

蓝色，是灵性知性兼具的色彩，在色彩心理学的测试中发现几乎没有人对蓝色反感。明亮的天空蓝，象征希望、理想、独立；暗沉的蓝，意味着诚实、信赖与权威。正蓝、宝蓝在热情中带着坚定与智慧；淡蓝、粉蓝可以让自己、也让对方完全放松。蓝色在美术设计上，是应用度最广的颜色；在穿着上，同样也是最没有禁忌的颜色，只要是适合你“皮肤色彩属性”的蓝色，并且搭配得宜，都可以放心穿着。想要使心情平静时、需要思考时、与人谈判或协商时、想要对方听你讲话时可穿蓝色。

幸运宝石

青金石、蓝宝石、孔雀石、蓝松石

符号故事

数字6的代表守护神是希腊神话中的光明之神阿波罗，他也掌管疗愈、音乐、哲学，他的象征就自然有笛子、竖琴、音符、海豚这些与音乐有关的事物，这里面还有月桂树。因为阿波罗对河神女儿达芙妮一见钟情，可是这次厄洛斯却射出了一把厌恶爱情之箭，达芙妮为了拒绝阿波罗的示爱让自己成为了一棵月桂树，阿波罗非常伤心，就把月桂叶放在头发中，所以在希腊，月桂也代表着坚贞不渝的爱情。你想邂逅一段感情吗？你想让家庭更和睦吗？不妨多用月桂的图案，增加阿波罗带来的治愈和奉献的力量。

遇见 7 数能量

对应脉轮

顶轮（Sahasrara Cakra）：第七脉轮，它位于脑顶百会穴处，它掌管着智慧、世界观和价值观，当它打开并运转时，你会在意公正公平、没有偏见、善于学习和思考，而当你对事情对人的认知出现了偏差，三观受到干扰、变得懒惰放纵，就要考虑是不是顶轮失衡罢工了。这七个脉轮和内分泌腺的平衡与否，会对人的身心健康产生影响，人的疾病也是由于这些脉轮其中之一的衰退，或是一个以上的脉轮的功能失去平衡所致。所以运动、健身、增加兴趣爱好，都是为了平衡身心。

守护颜色

紫色，优雅、浪漫、智慧的代名词，具有哲学家气质的颜色，同时也散发着忧郁的气息。淡紫色的浪漫，不同于粉红少女心式的浪漫，带有高贵、神秘、高不可攀的感觉；而深紫色、艳紫色则是魅惑力十足、带着狂野和小华丽。紫色一向被看作时尚领域很难搞定的颜色，因为如果时间、地点、场合不对，穿着紫色可能会让人反感，穿不好就土了，或者造成高傲、矫揉造作的错觉。当你参加晚宴想要与众不同，或在约会的时候想要表现浪漫和小神秘，可以让紫色帮助你，平时生活中若想获得紫色的能量，也可以用紫色配饰和小物。

幸运宝石

紫水晶、月光石、紫萤石、堇青石、舒俱来

符号故事

数字 7 的代表守护神是雅典娜，也是众所周知的智慧女神和幸运女神，要想获得她的能量可以选择她的象征符号，比如橄榄、猫头鹰、秤、自由女神等等，这些都来自于她的故事和主张，和平、聪慧、推动公平自由和法制等等，当然，想借助智慧女神的力量也可以试试美杜莎的图案。美杜莎曾经是雅典娜的神庙中一名普通女祭司，根据当时的习俗，女祭司一生要保持贞洁，但是海神波塞冬垂涎她的美貌，于是犯了错误，雅典娜一怒之下将她变成了蛇发女妖，美杜莎的一生也是一场悲剧。在时尚领域中，Gianni Versace(詹尼·范思哲)的作品就以“Medusa蛇发女妖美杜莎”作为精神象征和设计元素。

遇见8数能量

对应脉轮

神圣之光（aura）：身体中的脉轮只有七个，通常也会有人将第八脉轮称为天使光，它不存在于身体之中，而是体外的磁性能量场，在头顶上方。近年来，越来越多的心理疗愈领域重视起第八脉轮，它对人的情绪起到平衡和稳定作用，也象征着从开始到结束的完整性，它的强大会让你独特的气质和气场缓缓散发出来、影响周围。

守护颜色

金色，是醒目辉煌的颜色，它具有一个奇妙的特性，就是在各种颜色配置不协调的情况下，使用了金色就会使它们立刻和谐起来，并产生光明、华丽、辉煌的视觉效果。所以金色也象征高贵、光荣、辉煌，但是因为它太过耀眼，如果不小心使用或大面积出现，就会产生非常不友好的暴发户奢靡感。所以，要善于适当使用金色配饰，露与其他颜色调和使用，这样才会有低调奢华的感觉，也会不讨人厌的霸气侧露。在商务谈判、职场晋升、参加party时候，要多多佩戴金饰，会增强你的气场，帮你提升信心。

幸运宝石

黄水晶、金琥、紫黄晶、月光石、金发晶、紫黄晶、欧泊

符号故事

数字8的代表守护神是赫淮斯托斯，也是火神、工艺之神，虽然他身体残疾也遭

遇过抛弃，可是却非常坚韧、有毅力，潜心钻研锻造和工艺，在诸神之中赫淮斯托斯也是最具备匠心的一位，而他也经常锻造出精美的工具、武器，获得了源源不断的生意。当你遇到事情，希望更加专注、执着，或者获得商业能力，增加财运，那就要多了解火神了。既然火神善于工艺，那你不妨选择一个精致的金色饰品，经常佩戴，可以提醒你遇事勇往直前、承担责任、克服恐惧。另外，蜡烛也是不错的幸运小物，很多人喜欢收集各种各样的蜡烛，其实做一款手工蜡烛，加一点喜欢的香味进去，当你想获得 8 数能量时候点起来，一边在香氛中理清思路，一边收获信心，是再好不过了。

遇见 9 数能量

对应脉轮

无。近些年也有更多的研究去探寻脉轮更深层的含义和理论，有人说第九个脉轮代表哲学和灵性的追求，也有人说第九脉轮代表快乐。其实在很多理论中，9 都是一个轮回、一个集大成，所以也有理论将第九脉轮视作一个整体的存在。

守护颜色

白色（第二为灰色、银色）：白色是一种包含光谱中所有颜色光的颜色，通常被认为是“无色”的。白色的明度最高，无色相。这个颜色代表着纯洁、理想、灵性，是很多人喜欢的颜色。而灰色比白色深些，比黑色浅些，穿插于黑白两色之间，幽幽的、淡淡的，不被在意、温和适中，也是象征柔和、沉稳的颜色。所以很多宗教人士、和平主义者会将灰色穿在身上。当你觉得自己锋芒太露想提示自己低调收敛的时候，当你需要展示友善谦卑、与长辈或领导在一起的时候，当你参加公益活动、做志愿者义工、帮助弱者的时候，不妨将灰色、白色穿在身上。

幸运宝石

灰月光、珍珠、钻石、白水晶

符号故事

数字 9 的代表守护神是阿尔忒弥斯，掌管光明和自然，被称为月亮女神，因为她非常的慈心，不仅为夜晚带来光明，还喜欢帮助弱者和受苦受难的人们、喜欢救助小动物，所以她的善良、博爱让她受到无比爱戴。善良博爱、拥有梦想，发自内心的帮助别人也会获得快乐，如果你也想拥有这份快乐，想拥有 9 数的能量，那不妨找一找阿尔忒弥斯的符号，比如弓箭和树木。阿尔忒弥斯一生只爱过一个人，是一位出色的猎手，两个人最快乐的时光就是在森林里，与世无争、逍遥自由，经常一起打猎追逐。弓箭会帮助你在迷茫的时候为未来的人生找准方向，森林会让你获得精神层面的愉悦。